平面设计与制作

突破平面

Photoshop+AIGC摄影与修图剖析

闫妍 刘雪松 刘雯 / 编著

清華大學出版社
北京

内 容 简 介

AI 技术在摄影中的应用已经涵盖了从拍摄到后期处理的各环节。本书通过大量案例，详尽阐述了如何利用 Midjourney、Stable Diffusion、Photoshop 2024 和《像素蛋糕》等 AI 工具进行 AI 摄影与修图的方法和技巧。

全书共 8 章，第 1 ～ 4 章为 AI 摄影篇，依次介绍 AI 摄影的相关知识及特点、Midjourney 和 Stable Diffusion 在 AI 摄影中的应用，以及如何使用提示词来优化 AI 摄影的视觉表现。第 5 ～ 8 章为 AI 后期篇，分别介绍 AI 后期的特点和优势、一些常规的 AI 修图操作方法，包括 Midjourney、Stable Diffusion、Photoshop 2024 和《像素蛋糕》等常见 AI 修图工具的应用。

本书适合从事摄影、设计、插画、自媒体、艺术、电商、修图等行业的读者学习参考，也可以作为相关院校的教材和辅导用书。

图书在版编目（CIP）数据

突破平面 Photoshop+AIGC 摄影与修图剖析 / 闫妍，刘雪松，刘雯编著 . -- 北京 : 清华大学出版社，2024. 8.
(平面设计与制作). -- ISBN 978-7-302-67061-2

Ⅰ . TP391.413

中国国家版本馆 CIP 数据核字第 2024QB2544 号

责任编辑： 陈绿春
封面设计： 潘国文
责任校对： 胡伟民
责任印制： 丛怀宇

出版发行： 清华大学出版社

网　　址： https://www.tup.com.cn，https://www.wqxuetang.com
地　　址： 北京清华大学学研大厦 A 座　　**邮　　编：** 100084
社 总 机： 010-83470000　　**邮　　购：** 010-62786544
投稿与读者服务： 010-62776969，c-service@tup.tsinghua.edu.cn
质 量 反 馈： 010-62772015，zhiliang@tup.tsinghua.edu.cn

印 装 者： 北京联兴盛业印刷股份有限公司
经　　销： 全国新华书店
开　　本： 188mm×260mm　　**印　　张：** 11.5　　**字　　数：** 365 千字
版　　次： 2024 年 10 月第 1 版　　**印　　次：** 2024 年 10 月第 1 次印刷
定　　价： 79.00 元

产品编号：100968-01

在当今数字化时代，人工智能（AI）已经渗透到各行业，包括摄影和绘画等艺术领域。AI技术为创作者提供了前所未有的创作方式和表达形式，极大地拓宽了艺术的边界。借助AI技术的力量，可以充分释放摄影师的创造力和想象力，使摄影作品更显独特、生动并令人赞叹。

本书特色

快速入门，轻松成为AI摄影高手

全书首先浅入深地介绍了AI摄影的基本原理、绘画操作、摄影指令、光影色彩和构图关键词等基础知识，然后通过人像摄影、风光摄影、建筑摄影、商业摄影、动物摄影、人物摄影等各类案例，实战演示各类AI摄影作品的生成方法，读者通过轻松地学习，即可打造出极具创意性和商业价值的AI摄影作品。

实战精解，完全打开AI摄影新境界

本书特色鲜明，不仅深度解析了18个AI摄影案例和28个AI修图案例，还细致入微地讲解了41个AI摄影提示词指令，并配有440多张精美的插图，读者可以边学边练，完全打开AI摄影新境界。

海纳百川，AI摄影全方位学习指南

无论您是摄影发烧友、专业修图师、设计师、插画师、艺术工作者、摄影爱好者，还是对AI摄影技术感兴趣的读者，本书都将为您提供全面而实用的知识与实践指导，让本书点燃您的创作激情，引领您踏上一段充满惊喜的AI摄影探索之旅！

配套资源及技术支持

本书配套资源请扫描下面的二维码进行下载。如果在配套资源的下载过程中碰到问题，请联系陈老师（chenlch@tup.tsinghua.edu.cn）。如果有任何技术性问题，请扫描下面的技术支持二维码，联系相关人员进行解决。

配套资源

技术支持

本书作者

本书由闫妍、刘雪松和刘雯编著。书中难免存在疏漏与不足之处，衷心希望读者在阅读时提出宝贵的意见和建议。

作者

2024年9月

目 录

Contents

第1章 当AI遇上摄影……………1

1.1 认识AI摄影……………1
1.1.1 AI摄影是什么……………1
1.1.2 AI摄影的基本特点……………2
1.2 AI在摄影行业的具体应用……………3
1.2.1 生成实拍照片……………3
1.2.2 验证场景规划……………3
1.2.3 生成创意图像……………4
1.2.4 进行AI修图……………5
1.3 AI对摄影技术的影响……………5

第2章 Midjourney在AI摄影中的应用……………7

2.1 Midjourney概述……………7
2.1.1 Midjourney简介……………7
2.1.2 Midjourney的基本操作……………8
2.2 Midjourney基础功能介绍……………10
2.2.1 基本绘画指令……………10
2.2.2 基本参数……………11
2.2.3 文生图……………12
2.2.4 图生图……………13

2.3 人像摄影 ······14
2.3.1 实战应用：生成传统肖像 ······15
2.3.2 实战应用：生成证件照 ······16
2.3.3 实战应用：生成古风人像 ······17
2.4 商业摄影 ······18
2.4.1 实战应用：生成模特图 ······18
2.4.2 实战应用：生成广告图 ······19
2.4.3 实战应用：生成产品图 ······20
2.5 风光摄影 ······22
2.5.1 实战应用：生成花鸟图 ······22
2.5.2 实战应用：生成山水图 ······23
2.5.3 实战应用：生成大漠孤烟图 ······24

第3章 Stable Diffusion在AI摄影中的应用 ······26

3.1 Stable Diffusion概述 ······26
3.1.1 Stable Diffusion简介 ······26
3.1.2 Stable Diffusion的特点 ······27
3.2 Stable Diffusion界面介绍 ······27
3.2.1 文生图界面 ······27
3.2.2 图生图界面 ······28
3.2.3 训练界面 ······29
3.2.4 设置界面 ······29
3.2.5 扩展界面 ······29
3.3 建筑摄影 ······31
3.3.1 实战应用：生成古镇图 ······31
3.3.2 实战应用：生成村落图 ······33
3.3.3 实战应用：生成桥梁图 ······37
3.4 动物摄影 ······38
3.4.1 实战应用：生成鱼类图 ······38
3.4.2 实战应用：生成虫类图 ······40
3.4.3 实战应用：生成宠物图 ······41
3.5 人文摄影 ······42
3.5.1 实战应用：生成春耕图 ······42
3.5.2 实战应用：生成茶馆闲话图 ······43
3.5.3 实战应用：生成公园晨练图 ······45

第4章 使用关键词优化视觉表现 ······47

4.1 AI摄影常用的视觉指令 ······47
4.1.1 AI摄影的8大专业指令解析 ······47
4.1.2 提升作品效果的关键词 ······52
4.1.3 增强渲染品质的关键词 ······57
4.2 AI摄影的光影色调 ······61
4.2.1 常用的光线类型 ······61
4.2.2 常用的光线用法 ······64

4.2.3 常用的摄影色调 ······68
4.3 AI摄影的构图取景······73
4.3.1 4种构图的控制方式······73
4.3.2 5种镜头景别的控制方式······76
4.3.3 常用的构图方式······79

第5章 当AI学会修图······83

5.1 认识AI修图······83
5.1.1 AI修图的特点和优势······83
5.1.2 常用的AI修图工具······84
5.2 AI修图操作······86

5.2.1 智能识别填充······86
5.2.2 智能肖像处理······87
5.2.3 自动替换天空······89
5.2.4 图像样式转换······90
5.2.5 妆容迁移······91
5.2.6 黑白图片上色······93
5.2.7 人脸智能磨皮······94
5.2.8 老照片智能修复······95
5.2.9 深度模糊······96
5.2.10 移除JPEG伪影······97

第6章 Photoshop 2024修图······98

6.1 Photoshop 2024概述······98
6.1.1 Photoshop 2024简介······98
6.1.2 Photoshop 2024功能介绍······99
6.2 创成式填充······101
6.2.1 实战应用：更改或增加内容······101
6.2.2 实战应用：一键换装······102
6.2.3 实战应用：更换场景风格······103
6.3 移除工具······104
6.3.1 实战应用：一键框选移除······104
6.3.2 实战应用：手动涂抹移除······106

6.3.3 实战应用：一键移除背景 ……… 107

6.4 生成式扩展 ……………………………… 109

6.4.1 实战应用：单张边缘延展内容 … 109

6.4.2 实战应用：多张边缘延展融合 ….110

6.5 SD插件拓展 ……………………………… 112

6.5.1 基础功能介绍 ……………………………113

6.5.2 文生图 ……………………………………113

6.5.3 图生图 ……………………………………115

6.5.4 局部重绘 …………………………………117

第7章 《像素蛋糕》修图 ………120

7.1 《像素蛋糕》概述 ……………………… 120

7.1.1 《像素蛋糕》简介 ……………… 120

7.1.2 《像素蛋糕》的使用方法 ……… 121

7.2 人像修图 ……………………………… 123

7.2.1 实战应用：祛除瑕疵 …………… 123

7.2.2 实战应用：皮肤调整 …………… 126

7.2.3 实战应用：面部重塑 …………… 129

7.2.4 实战应用：妆容调整 …………… 131

7.2.5 实战应用：头发调整 …………… 135

7.2.6 全身美型 ………………………… 137

7.3 调色模式 ……………………………… 138

7.3.1 直方图 ………………………………… 138

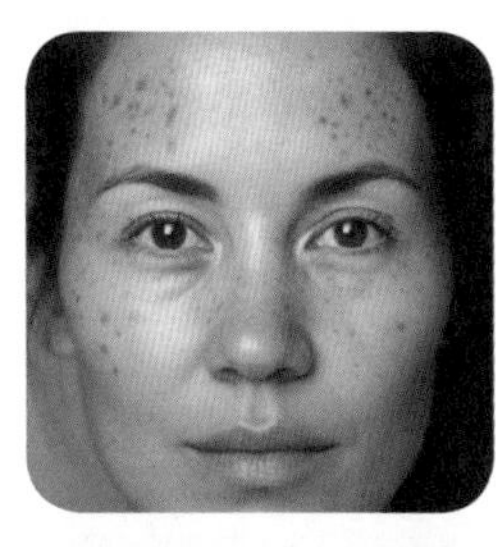

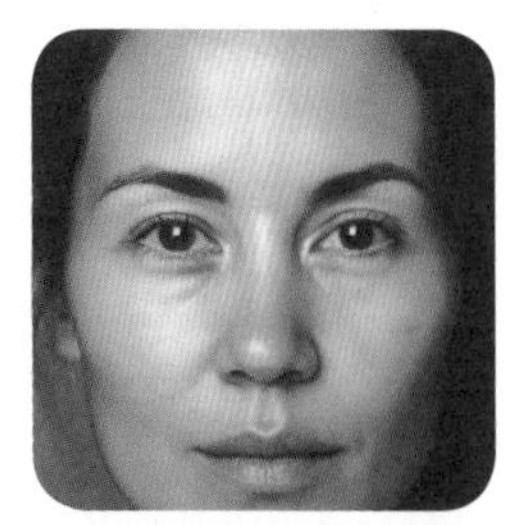

7.3.2 滤镜 ………………………………… 138

7.3.3 实战应用：白平衡 ……………… 138

7.3.4 基础知识：影调 ………………… 141

7.3.5 基础知识：曲线 ………………… 142

7.3.6 基础知识：HSL………………… 143

7.3.7 基础知识：细节 ………………… 144

7.3.8 基础知识：颗粒 ………………… 146

7.3.9 基础知识：校准 ………………… 147

7.3.10 基础知识：颜色分级………… 147

7.3.11 基础知识：镜头调整………… 147

7.3.12 实战应用：如何使用《像素蛋糕》调出日系小清新摄影风格……… 148

7.3.13 实战应用：如何使用《像素蛋糕》调出复古港风摄影风格………… 152

第8章 Midjourney和Stable Diffusion修图 …… 156

8.1 Midjourney修图 ………… 156

8.1.1 实战应用：局部重绘 ………… 156

8.1.2 实战应用：局部祛除 ………… 158

8.1.3 实战应用：AI照片扩展 ………… 159

8.2 Stable Diffusion修图 ………… 162

8.2.1 实战应用：局部重绘修复 ………… 162

8.2.2 实战应用：高清修复 ………… 165

8.2.3 实战应用：AI换脸 ………… 166

8.2.4 实战应用：AI模特换装 ………… 169

8.2.5 实战应用：手部修复 ………… 172

第1章 当AI遇上摄影

在当今数字化时代，人工智能技术已经深入应用到各行各业中，摄影也不例外。AI摄影技术的发展不仅改变了摄影的方式和手法，也为专业的摄影师和摄影爱好者带来了新的创作方式。

1.1 认识AI摄影

随着人工智能技术的不断发展，AI摄影已经成为当今摄影界的热门话题。AI生成的摄影作品也非常细腻、生动、自然，同时也提高了摄影师的创作效率和作品的精密度，也为摄影“小白”降低了门槛。本节将深入了解AI摄影、AI摄影的特点及其具体应用，带大家一窥其奥秘。

1.1.1 AI摄影是什么

1826年，人类用一个不透光的盒子拍到了世界上第一张照片，如图1-1所示。到了2023年，人们仍然在使用不透光的盒子“拍摄”照片，只不过这个不透光的盒子已经转变成了计算机。

图1-1

2023年4月，伴随着2023年度索尼世界摄影大赛（SWPA）的落幕，德国艺术家Boris Eldagsen（鲍里斯·埃尔达格）凭借其作品《PSEUDOMNESIA|The Electrician》（如图1-2所示）在公开创意组别中脱颖而出，荣获头奖。索尼世界摄影大赛作为全球性摄影大赛，由WPO（世界摄影组织）独家举办，自2008年创始以来，一直在引领着摄影行业的发展与革新。

然而，出人意料的是，鲍里斯在获奖后却在多个平台上公开宣布拒绝领奖。原因竟然是他的作品PSEUDOMNESIA|The Electrician，甚至包括整组PSEUDOMNESIA的照片，都是由AI生成的。

具体而言，AI摄影是指运用人工智能技术进行摄影创作和图像处理的技术。现在，摄影师无须通过照片叙述故事，只需向AI描述想要的情境，AI便能根据描述生成相应的图像。

图1-2

1.1.2 AI摄影的基本特点

AI摄影并不是简单地将多个图片数据拼接在一起所生成的图像。AI摄影生成图片的过程是通过对训练数据的学习，让AI模型能够理解和提取图像的基本特征、结构和样式。然后，根据给定的描述或关键词，尝试在新的图像中融合和组合这些特征，以生成与输入相关的图像。

1. 快速高效

借助人工智能技术，AI摄影能够自动化执行大部分任务，从而显著提升出片效率。在处理重复性任务时，AI摄影能够替代人工操作，有效减少资源浪费，为企业节省大量人力成本和时间成本。其运作原理依托先进的AI绘图工具，利用计算机图形处理器（GPU）等硬件加速设备，实现高效机器绘图功能，并支持实时预览。例如，通过专业的AI绘图工具Midjourney，仅需不到一分钟的时间即可生成一张高质量照片，如图1-3所示。

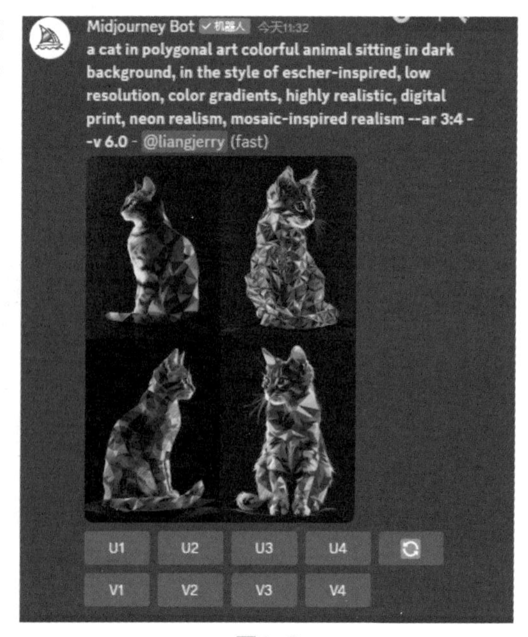

图1-3

2. 高度逼真

AI摄影技术是通过计算机算法和深度学习模型，自动生成图像的一种方法。它基于大量数据和强大的算法，能够生成高度逼真的作品。在图像生成方面，AI摄影技术可以对缺失的部分进行细节补全，生成高清晰度的图像。此外，它还可以进行风格转换和图像重构等多种操作。

3. 易于保存

得益于数字化技术的发展和普及，AI摄影技术具有易于保存的特点。通过AI生成的数字照片可以轻松地保存在各种媒体上，如计算机本地保存、云端存储等，而不需要担心像胶卷照片一样受到湿度、温度等因素的影响而损坏。

4. 可迭代性强

AI摄影具有可迭代性强的特点，主要是因为它是基于机器学习算法进行训练和优化的，这种技术可以通过大量数据集的输入和处理来不断学习和提高自己的准确性和工作效率。

1.2　AI在摄影行业的具体应用

AI摄影以其高效、智能、创新的特点，不仅能够提高摄影创作的效率，还能创造出更多更有创意的摄影作品。随着人工智能技术越来越成熟，未来的AI摄影将会赋予人们更多的独创性和想象力，推动摄影艺术的不断发展和创新。下面介绍AI在摄影行业中的具体应用。

1.2.1　生成实拍照片

AI摄影可以生成各种风格和主题的高质量照片素材，包括自然风景、建筑、艺术品、家居、服装、配饰等，并应用在广告设计、产品设计、网站设计、室内设计等领域，这不仅大大提高了设计的效率和质量，而且可以减少版权问题和拍摄成本。

图1-4所示为使用AI生成的素材图像，效果堪比专业摄影师作品。

图1-4

1.2.2　验证场景规划

许多高成本摄影作品在拍摄之前都需要进行场景规划，传统的流程是使用计算机进行绘制，但使用

AI摄影可以轻松地验证场景规划效果，如图1-5所示。此外，还可以在电影拍摄之前，使用AI来规划分镜头场景，使导演在拍摄前就预先验证分镜头效果，并进行必要的修改和调整，有助于提高电影的拍摄效率并减少成本，如图1-6所示。

图1-5

图1-6

1.2.3 生成创意图像

创意图像的应用范围很广泛，但制作难度非常高，通常需要先实拍素材，再由精通后期处理软件的人员使用合成、拼接、融合等手段制作。

使用AI摄影可以凭借天马行空的想象力轻松地制作出各类创意，如图1-7所示，可以应用到广告创意、时尚设计、电影特效制作等领域。

图1-7

1.2.4 进行AI修图

AI修图是通过人工智能技术对图像进行编辑和改进的过程。通过使用AI修图工具，用户能够轻松地对照片进行美化和优化，以使其呈现更吸引人和专业的效果。

AI修图工具为用户提供了一个便捷、迅速、高效的方式，让用户能够轻松编辑和优化照片。不论是一般用户还是专业摄影师，通过使用这些AI修图工具，都可以以较低的成本提升商品的转化率，实现照片的美化和精细优化。

1.3 AI对摄影技术的影响

AI给摄影技术带来的影响是十分巨大的，它使摄影更加简易化、智能化、高效化。但对于从事摄影行业的人来说，它只是构建了一个新的图像素材渠道，艺术家可以在素材的基础上再创作，因为摄影术和AI都是艺术家的创作工具。

在摄影术出现之前，绘画承担了记录景物的任务。画家的挑战在于克服事物的“暂时性”，为后代留下事物的形象。19世纪摄影术的出现接过了这一任务，推动绘画去探索摄影无法替代的领域。这一变化并未扼杀绘画，反而催生了梵高、毕加索、达利、塞尚、莫奈等大师的创新作品。

如今，AI人工智能正在对摄影技术产生深远影响。科技为相机和镜头赋予了更强大的功能，使摄影更加智能化。个性化的摄影和图像处理增强了照片的细节质感，同时提高了摄影和图像处理的效率。尤其是深度学习算法的应用，让摄影师更容易获得高质量的照片和视频素材。此外，AI生成的图像在商业摄影中的应用也降低了成本。

就像摄影并没有取代绘画一样，AI也不会毁灭摄影。它只是为艺术家提供了新的图像素材来源和创作工具。随着AI技术的不断进步，我们可以预见未来将会有更多的摄影和图像处理技术问世。尽管我们已经进入了人工智能图像的时代，但这并不意味着照相机将被淘汰或摄影师将失业。相反，摄影师应该积极拥抱变革，学习并掌握最新的图像技术来创作作品。

第2章 Midjourney在AI摄影中的应用

Midjourney是一个通过人工智能技术进行绘画创作的工具，用户可以通过输入文字、图片等相关内容，让Midjourney自动创作出符合要求的绘画作品。本章主要介绍Midjourney的基本功能和使用Midjourney进行AI绘画的基本操作方法，帮助读者了解并掌握AI摄影的核心技巧。

2.1 Midjourney概述

Midjourney是由Midjourney研究实验室研发的人工智能程序，于2022年7月12日进入公开测试阶段。目前，它是人工智能绘画领域付费用户数量最多的平台之一。

2.1.1 Midjourney简介

Midjourney是一款领先的AI制图工具，只需提供提示词，即可通过先进的AI算法迅速生成相应的图片，整个过程不超过一分钟。

用户可以选择不同画家的艺术风格，包括但不限于安迪·华荷、达·芬奇、达利和毕加索等，同时还能识别特定的镜头和摄影术语。与谷歌的Imagen和OpenAI的DALL. E不同，Midjourney是首个能够快速生成AI图像并向公众开放申请使用的平台。

以“一棵长着立方体形状桃子的大树”为例，输入提示词后，系统将生成四张不同的图像供用户选择。Midjourney以其高效快速的特性，为用户提供了一个创造性而便捷的AI制图体验，如图2-1所示。

具备Photoshop、Painter、Illustrator、3ds Max、Maya等软件的使用经验的创作者都知道，要创建一幅图像，通常需要通过手绘板在软件中进行绘制，或者使用软件进行三维建模和渲染。然而，Midjourney彻底改变了这种图像生成方式。在Midjourney中，图像是通过经过训练的神经网络模型生成的。换句话说，图像中的每个像素都是由Midjourney计算得出的，创作者无须掌握烦琐的软件操作，即可轻松获取高质量图像。

当然，需要强调的是，使用上述软件生成图像时，可控性和精确度非常高。而使用Midjourney时，有时可能无法达到精确生成图像的标准。此外，在使用Midjourney进行绘画时，创作者还需要掌握其提示词的撰写方法和使用技巧。尽管如此，Midjourney以其卓越的图像生成效率和丰富的效果优势，仍然是一个令人难以忽视的选择。

图2-1

2.1.2 Midjourney的基本操作

Midjourney是一个运行在Discord平台上的软件，所以要用好Midjourney，首先要对Discord有所了解。

Discord是一款免费的语音、文字和视频聊天程序，它允许任何用户在个人或群组中创建服务器、与其他用户在个人或群组中创建服务器、与其他用户进行实时聊天和语音通话，并在需要时共享文件和屏幕。因其功能强大、易于使用且免费，已成为最受欢迎的聊天程序之一。要使用Midjourney，可以分为四个步骤。

1. 注册Discord账号

由于Midjourney运行在Discord平台上，因此，需要先注册Discord账号，其方法与在国内平台上注册账号区别不大，登录其网站，单击“在您的浏览器中打开Discord”按钮，然后按照提示步骤操作即可，如图2-2所示。

图2-2

2. 绑定Midjourney账号

进入Midjourney官网，在首页底部找到并单击“Join the Beta”按钮，按照提示绑定Discord账号即可，如图2-3所示。

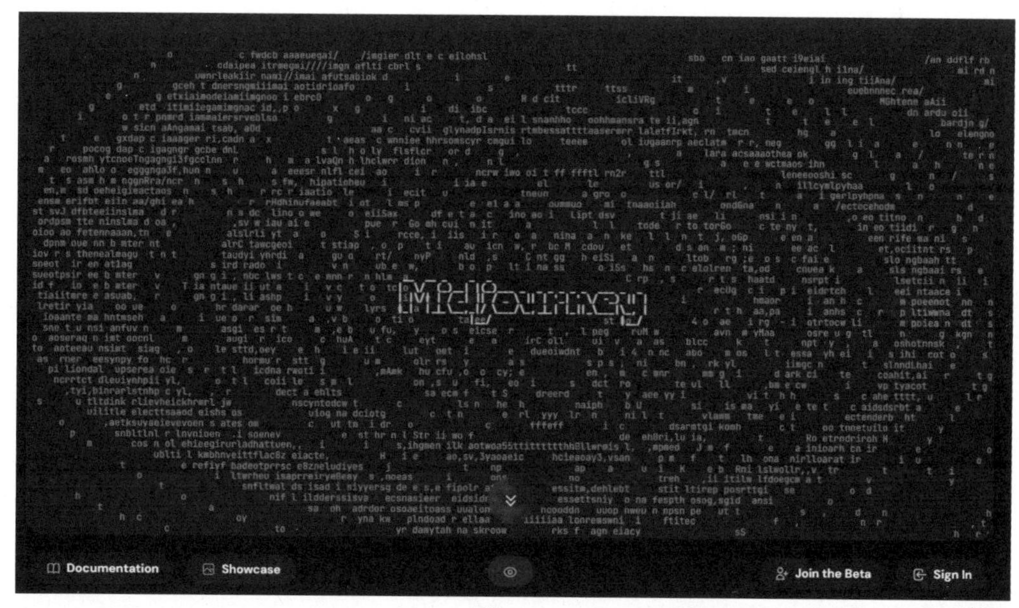

图2-3

3. 添加个人服务器

绑定账号完成后，只需在Discord里添加自己的服务器，再邀请Midjourney机器人（Midjourney Bot）进入新添加的服务器，就能正常使用。下面根据图示操作即可。

▶01 单击左侧栏的“+”按钮添加个人服务器，如图2-4所示。

▶02 单击“亲自创建”按钮，创建自己的服务器，如图2-5所示。

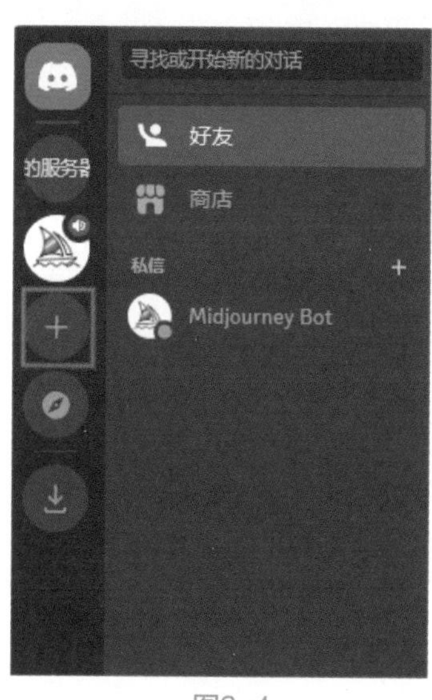

图2-4

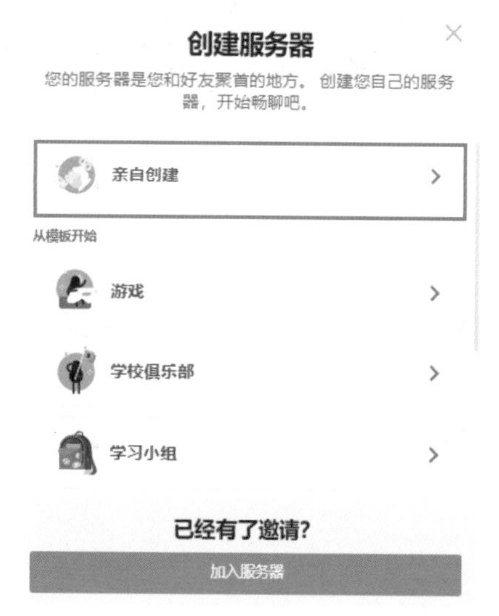

图2-5

▶03 单击“仅供我和我的朋友使用”按钮，如图2-6所示。

▶04 为自己的服务器起名，并单击“创建”按钮，如图2-7所示。

图2-6　　图2-7

4. 邀请Midjourney机器人

单击左侧栏Midjourney服务器图标，进入后在顶部栏单击人员图标，邀请Midjourney机器人入驻个人服务器，然后就可以开始作画了，如图2-8所示。

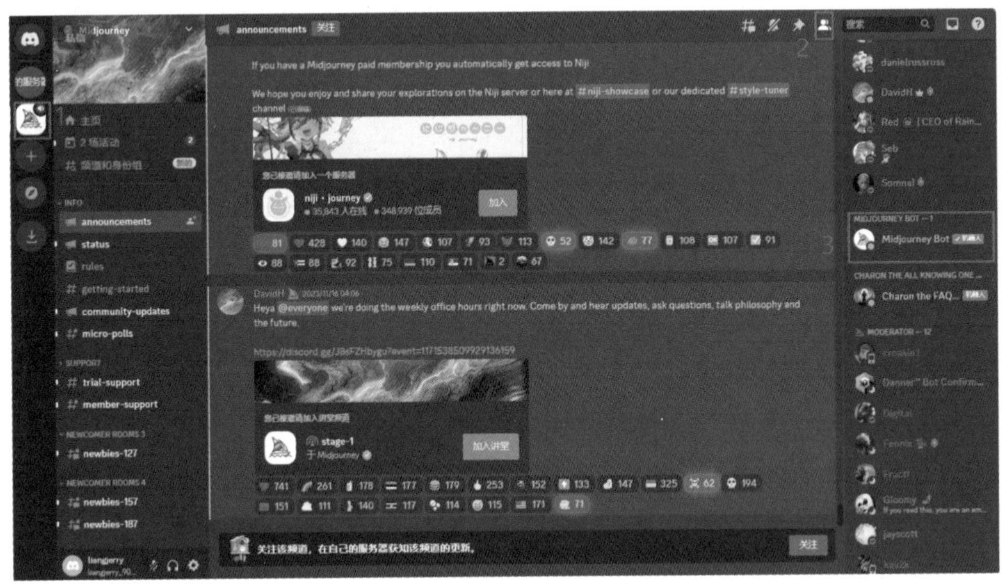

图2-8

2.2 Midjourney基础功能介绍

通过Midjourney生成AI摄影作品是否轻松，主要取决于用户选择的提示词。当然，如果用户追求生成高质量的AI摄影作品，那么就需要深入了解艺术设计相关知识，并对AI模型进行充分的训练。下面介绍Midjourney的基本功能，帮助读者快速掌握生成AI摄影作品的技巧。

2.2.1 基本绘画指令

在使用Midjourney进行AI绘画时，用户可以使用各种指令让它生成想要的效果图片。Midjourney的指令主要用于创建图像、更改默认设置，以及执行其他任务。Midjourney基本绘画指令如表2-1所示。

表2-1

指　令	描　述
/ask（问）	得到一个问题的答案
/blend（混合）	轻松地将两张图片混合在一起
/daily_theme（每日主题）	切换#daily-theme频道更新的通知
/docs（文档）	在Midjourney Discord官方服务器中使用，可快速生成指向本用户指南中涵盖的主题链接
/describe（描述）	根据用户上传的图像编写4个示例提示词
/faq（常问问题）	在Midjourney Discord官方服务器中使用，将快速生成一个链接，指向热门Prompt技巧频道的常见问题解答
/fast（快速）	切换到快速模式
/help（帮助）	显示Midjourney Bot有关的基本信息和操作提示
/imagine（想象）	使用提示词生成图像
/info（信息）	查看有关用户的账号及任何排队（或正在运行）的作业信息
/stealth（隐身）	专业计划订阅用户可以通过该指令切换到隐身模式
/public（公共）	专业计划订阅用户可以通过该指令切换到公共模式
/subscribe（订阅）	为用户的账号页面生成个人链接
/settings（设置）	查看和调整Midjourney Bot的设置

2.2.2　基本参数

参数是更改图像生成方式的命令选项。用户可以通过各种参数和提示词来改变AI绘画的效果，生成更优秀的AI摄影作品。例如：A cute little dog --v 5 --ar3:2，如图2-9所示，其中后缀--v 5为version（版本），--ar3:2为aspect rations（横纵比）。

图2-9

Midjourney的基本参数如表2-2所示。

表2-2

参　数	描　述
--no	否定提示，让图中不出现您不想出现的内容
--iw	设置图片提示的权重
--ar	图像横纵比
--w	图像的宽度。必须是64的倍数（可选128 --HD）效果更好
--h	图像的高度。必须是64的倍数（可选128 --HD）效果更好
--seed	设置随机种子，这可以帮助您在几代图像之间保持更稳定/可重复性。可选任何正整数（例如2、534、345554）
--fast	更快的渲染速度，但图像的一致性会更少
--stop	可以停止正在进行的AI绘画作业，在设定的百分比处停止生成。范围为10～100
--style	控制图像的风格化

2.2.3　文生图

Midjourney主要使用“/imagine”指令和关键词等文字内容来完成AI绘画操作，记得输入英文提示词。需要注意的是，Midjourney对英文提示词的首字母没有什么要求，但关键词之间需添加一个逗号（英文字体格式）或空格。下面介绍在Midjourney中以文生图的具体操作方法。

▶01 在底部对话框中输入指令“/imagine”，并输入绘画提示词，按Enter键确认即可。例如：“A woman holds a dim light in her hand, Right in front,healing tones echo, healing, spiritual, light”，如图2-10所示。输入提示词，注意关键词一定要输入在Prompt的文本框内，不然不会生效。

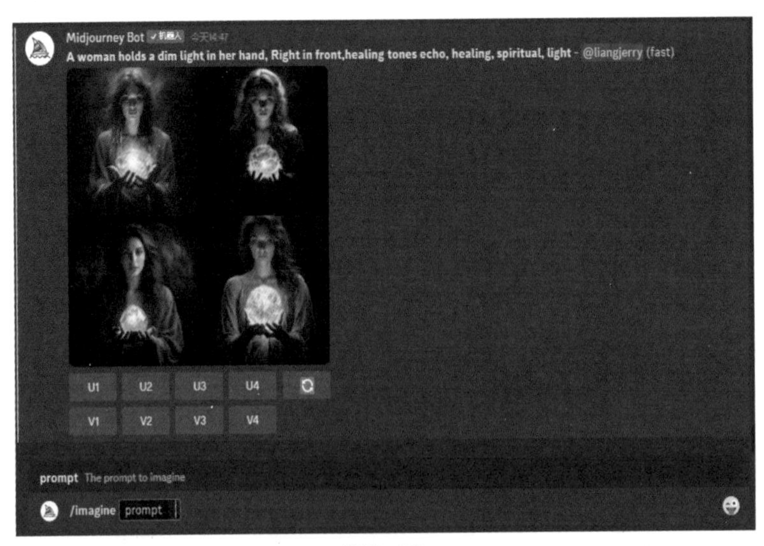

图2-10

▶02 确认后，Midjourney会默认返回四张图片，您可以再单独针对某一张图片进行细节扩展，返回的图片下面的按钮说明如图2-11所示。

▶03 如果用户对Midjourney生成的图片不满意，可以单击按钮，进行重做，如图2-12所示。

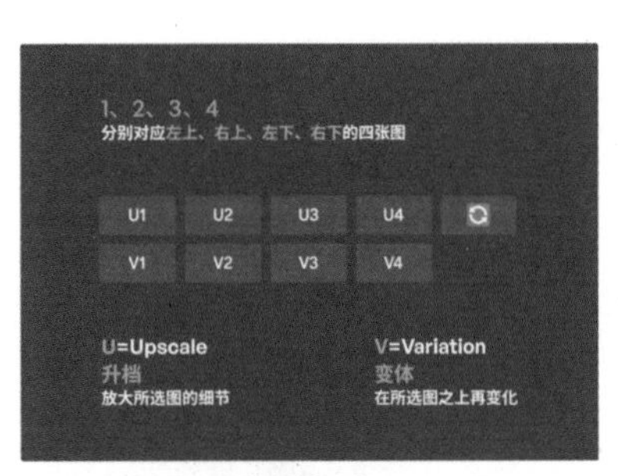

图2-11

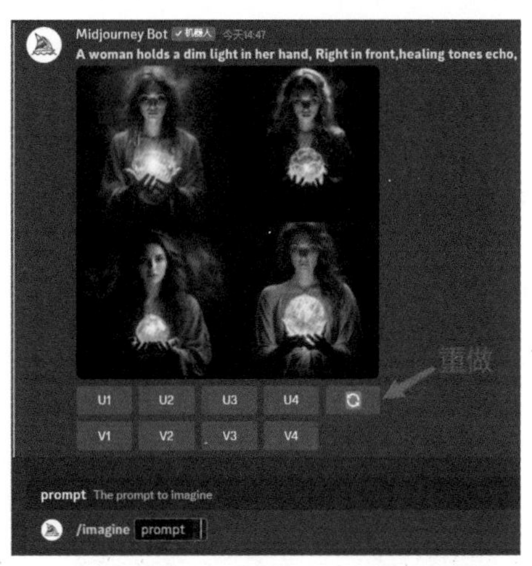

图2-12

2.2.4 图生图

在Midjourney中，用户可以使用describe指令获取图片的提示，然后根据提示内容和图片链接生成类似的图片，这个过程称为以图生图。需要注意的是，提示词就是关键词或指令的统称。下面介绍在Midjourney中图生图的具体操作方法。

▶01 在Midjourney下面输入框内输入“/describe”指令，便会出现一个上传框，如图2-13所示。

▶02 单击上传框，在弹出的“打开”对话框中选择相应图片，双击确认，如图2-14所示。

▶03 上传后，图片会添加到Midjourney的输入框中，按两次Enter键确认，如图2-15所示。

图2-13

图2-14

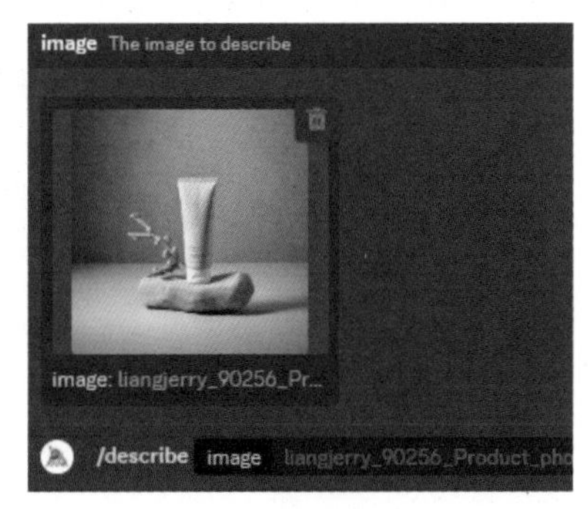

图2-15

▶04 确认后，Midjourney会根据用户上传的图片生成4段提示词。用户可以通过复制提示词或单击图片下方的1～4按钮，以该图片为模板生成新的图片效果，如图2-16所示。

▶05 然后右击图片，在弹出的快捷菜单中选择“复制消息链接”选项，如图2-17所示。

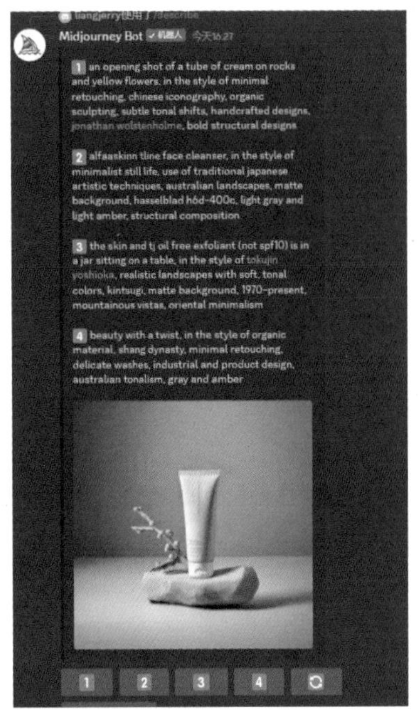

图2-16

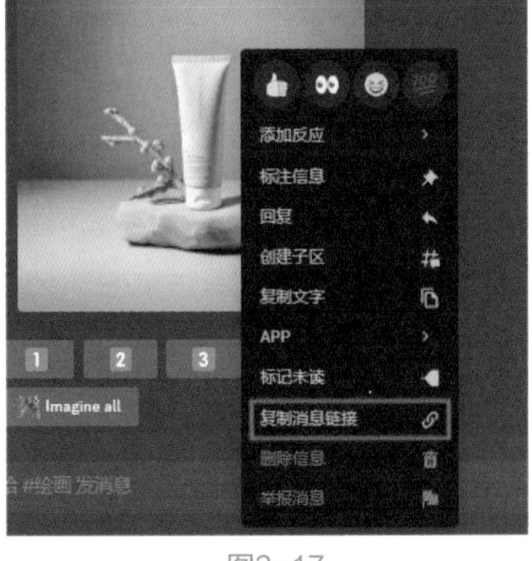

图2-17

▶06 复制链接后，单击图片下方1～4任意一个按钮，弹出“Imagine This! ”(想象一下！）对话框，在Prompt文本框中的关键词中粘贴前面复制的图片链接，单击“提交”按钮，如图2-18所示。注意图片链接和关键词中间要添加一个空格。

▶07 提交后，Midjourney会默认返回四张图片，用户可以根据图片再进行扩展，如图2-19所示。

图2-18

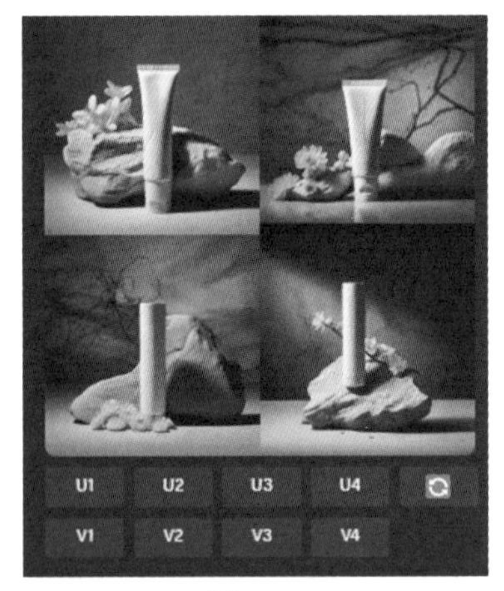

图2-19

2.3 人像摄影

在使用Midjourney生成人像类照片时，需要注意以下几类关键词：姿势和动作的关键词、描述人像景别的关键词、描述面貌特点的关键词、描述表情和情绪的关键词、描述年龄的关键词和描述服装的关键词。

2.3.1　实战应用：生成传统肖像

传统肖像摄影是一种以人物为主题的摄影形式，其核心在于捕捉人物的面部表情、姿态和特征。它更加强调对人物形象、个性及情感的深度挖掘，通过运用光线、背景和构图技巧，力求呈现被摄者的真实或理想形象。

在拍摄传统肖像时，通常在摄影棚内或户外特定场景中进行，借助专业摄影设备和技巧，通过调整人物的姿势、表情和衣着来塑造出各种形象。

InsightFaceSwap是一款专门用于人像处理的Discord官方插件，它能够批量且精准地替换人物脸部，并且不会改变图片中的其他内容。下面介绍利用InsightFaceSwap协同Midjourney生成传统肖像的操作方法。

01 将InsightFaceSwap添加到自己的服务器中，进入Midjourney主页，搜索并添加InsighFaceSwap插件，如图2-20所示。

02 在Midjourney下面的输入框内输入"/saveid"，如图2-21所示，上传一张面部清晰的人物图片，并起一个图片名称，名称可以为任意8位以内的英文字符和数字，如图2-22所示。

03 按Enter键确认，即可成功创建idname，如图2-23所示。

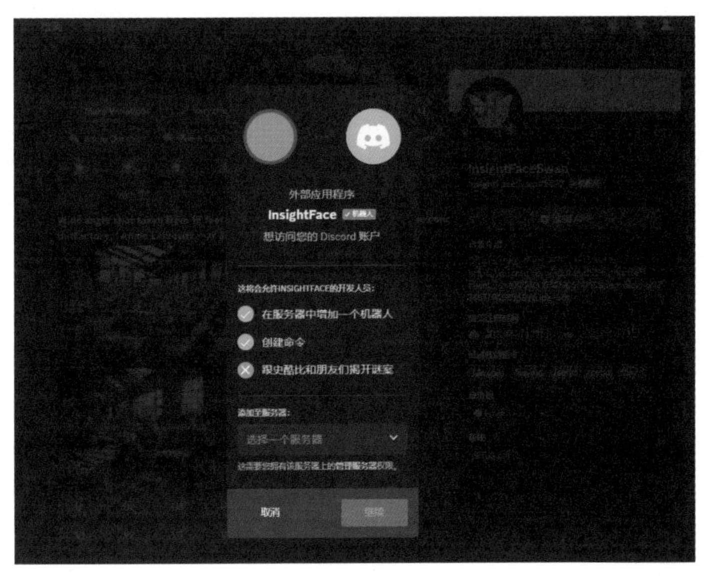

图2-20

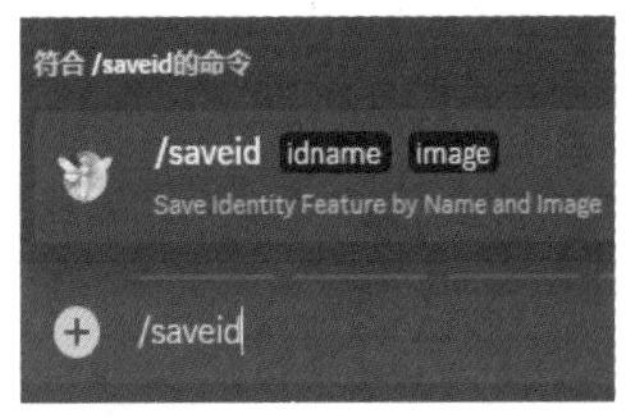

图2-21

图2-22

图2-23

▶04 上传或生成一张想要更换的照片，在上传或生成的图片上右击，在弹出的快捷菜单中执行APP|INSwapper命令，即可替换人物面部，如图2-24所示。AI生成的最终效果如图2-25所示。

图2-24

图2-25

2.3.2 实战应用：生成证件照

证件照是指用于个人身份认证的照片，通常用于证件、文件或注册等场合。

在用AI生成证件照时，可以加入清晰度、面部表情（自然、端庄）、背景色彩（通常为纯色背景，如白色、红色或浅蓝色）、服装装扮（整洁得体）、光线和阴影（照明应均匀）等关键词，从而准确地反映个人特征和形象，具体操作如下。

▶01 在Midjourney下面的对话框内输入“/”，在弹出的列表中选择“/imagine”指令，如图2-26所示。

▶02 在Midjourney下方的输入框中输入相应的提示词，如图2-27所示。

Prompt：an asian woman in white dressedup,Personal ID photo,Light bluebackground,natural beauty,mattephoto,superflat style,pseudorealistic,uniformly stagedimages,shiny/glossy --ar5:7

提示词：亚洲女性白衣装扮，个人身份证照片，浅蓝色背景，自然美，matephoto，超平面风格，伪现实主义，统一舞台图像，闪亮/光泽--ar5:7

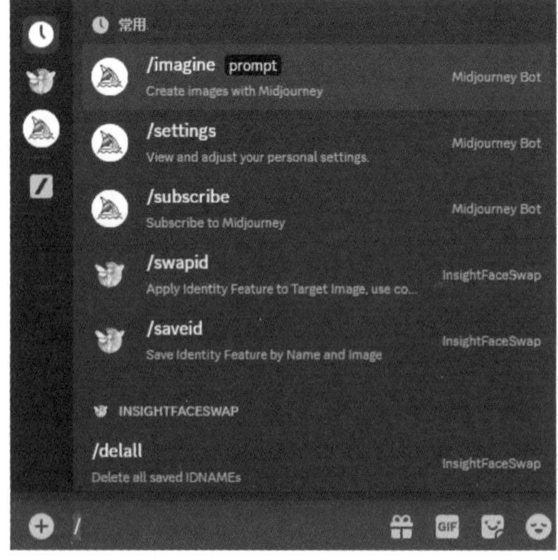

图2-26

图2-27

▶03 按Enter键确认，生成的证件照效果如图2-28所示。

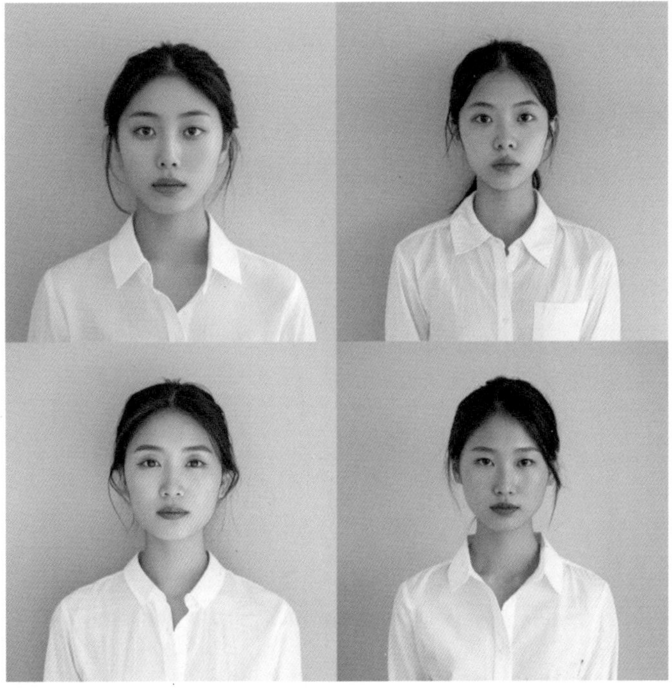

图2-28

2.3.3 实战应用：生成古风人像

古风人像风格是人像摄影中的一种艺术表达方式，主要借鉴和呼应古代文学、绘画、服饰等元素，以营造古典、典雅、古朴的氛围。这种风格通常在构图、服饰、道具和后期处理等方面融入古代的文化元素，以创造出富有古典美感和历史感的人像作品，具体操作如下。

▶01 在Midjourney下面的对话框内输入“/”，在弹出的列表中选择“/imagine”指令，如图2-29所示。

▶02 在Midjourney下方的输入框中输入相应的提示词，如图2-30所示。

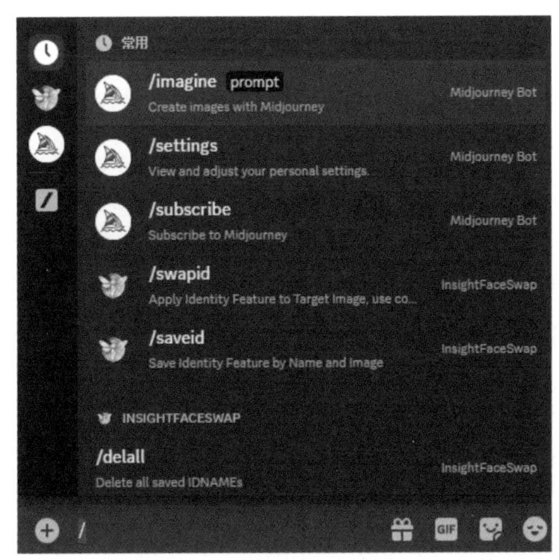

图2-29

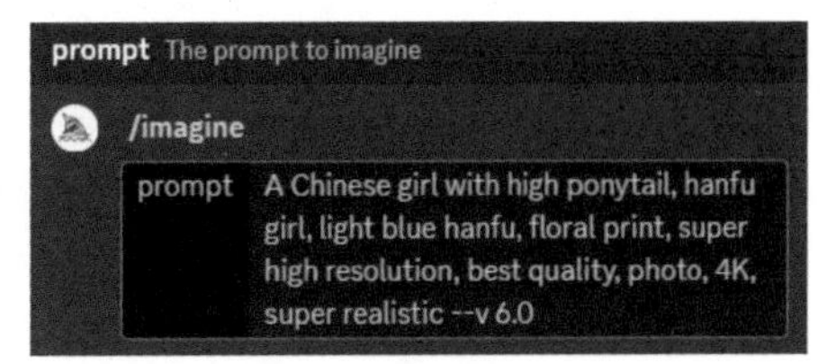

图2-30

Prompt：A Chinese girl with high ponytail, hanfugirl, light blue hanfu, floral print, superhigh resolution, best quality, photo, 4K, super realistic --v 6.0

提示词：一个高马尾的中国女孩，汉服女孩，浅蓝色汉服，印花，超高分辨率，最佳质量，照片，4K，超级逼真 --v6.0

▶03 按Enter键确认，生成的古风人物效果如图2-31所示。

图2-31

这种风格的人像摄影旨在通过传统文化的引入，将现代摄影与古代文明相融合，创造出一种既典雅又充满历史底蕴的影像艺术。

2.4 商业摄影

AI商业摄影是摄影中的一种专注于宣传、广告和商业用途的风格，其目的是通过图像传达产品、服务或品牌的信息，吸引目标受众，促进销售和市场推广。

2.4.1 实战应用：生成模特图

要使用Midjourney生成模特图，除了要注意控制视角、光线，还要注意给画面添加灯光、镜头、滤镜等元素来渲染画面气氛，在提示词中通常使用顶光（Top light）、全身镜头（Full Length Shot（FLS））、中光圈（Medium aperture）、低角度（Low angle）。具体操作如下。

▶01 在Midjourney下面的对话框内输入“/”，在弹出的列表中选择“/imagine”指令，如图2-32所示。

▶02 在Midjourney下方的输入框中输入相应的提示词，如图2-33所示。

Prompt：A Chinese female model with a graybackground and a full-length photo.Canon EOS R5 camera, standard lens, low-angle shot,175 cm tall --ar 9:16

提示词：一个中国女模特，灰色背景和一张全身照。佳能EOS R5相机，标准镜头，低角度拍摄，高175厘米--ar 9:16

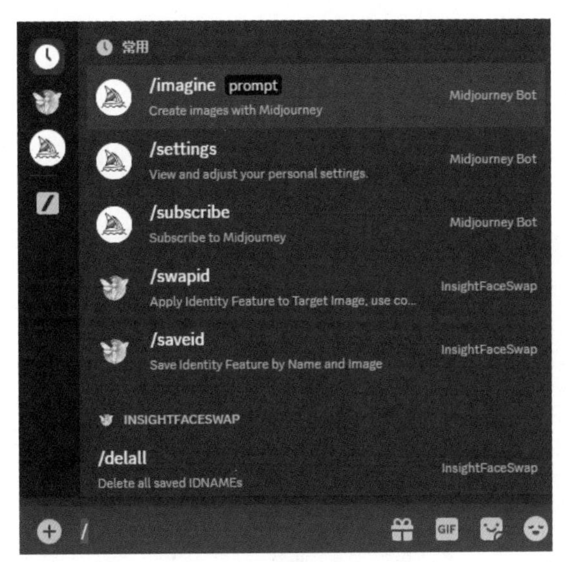

图2-32

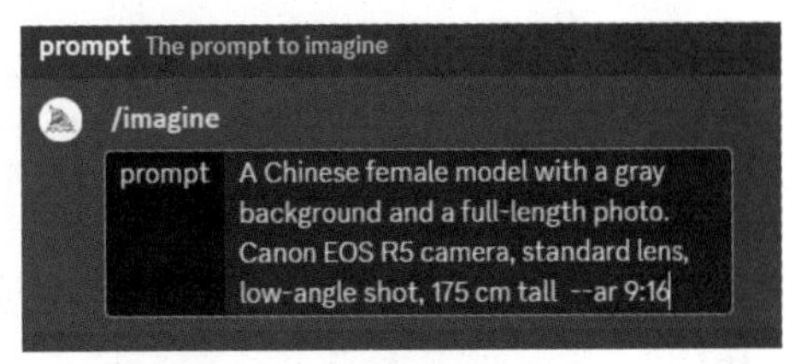

图2-33

▶03 按Enter键确认，生成的模特图如图2-34所示。

图2-34

2.4.2 实战应用：生成广告图

AI商业摄影中的广告图是指借助人工智能技术生成的专门用于广告宣传的图像。这些图像经过算法处理，旨在吸引目标受众，推广品牌、产品或服务，提高广告效果。

广告图通常采用引人注目的设计元素，包括明亮的颜色、独特的构图和吸引人的主题，以期在广告中脱颖而出，具体操作如下。

▶01 在Midjourney下面的对话框内输入“/”，在弹出的列表中选择“/imagine”指令，如图2-35所示。

▶02 在Midjourney下方的输入框中输入相应的提示词，如图2-36所示。

Prompt：new C-class car advertisement, detailed, blue light lights up the sky . majestic,panoramic seascapeintaglio printing, wide-angle lens. elegant and formal, eternal elegance. precise realism, eternal beauty, lightchestnut and light green

提示词：全新C级轿车广告，细节，蓝色灯光照亮天空，气势磅礴，全景海景凹版印刷，广角镜头。优雅正式，永恒优雅。精确的现实主义，永恒的美，浅栗色和淡绿色

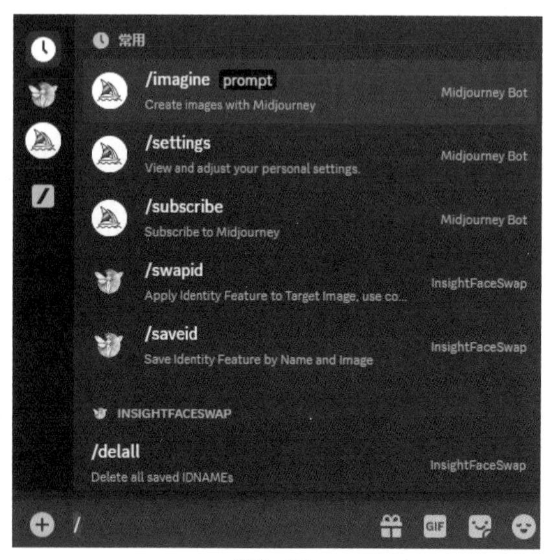

图2-35

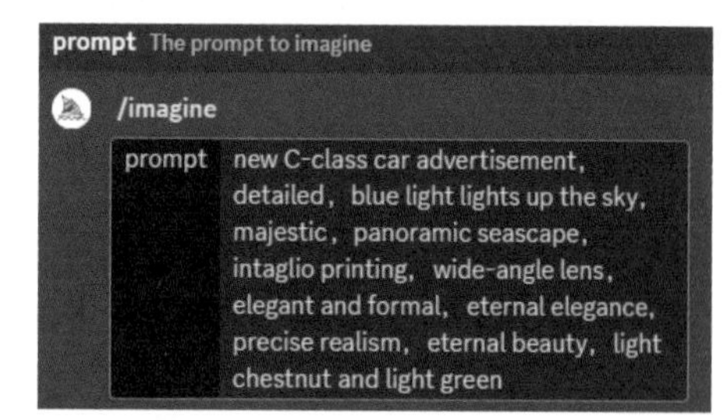

图2-36

▶03 按Enter键确认，生成的广告图如图2-37所示。

图2-37

2.4.3 实战应用：生成产品图

产品图通常指用于展示和宣传产品的图像。在商业和营销领域，产品图是一种重要的宣传手段，用于向潜在客户、消费者或合作伙伴展示产品的外观、特点和优势。这些图像可以用于各种媒体平台，包括网站、广告、社交媒体和印刷物等。

产品图的首要任务是清晰地展示产品的外观，以便潜在客户能够准确地了解产品的设计、颜色、形状等方面的特征，具体操作如下。

▶01 在Midjourney下面的对话框内输入“/”，在弹出的列表中选择“/imagine”指令，如图2-38所示。

▶02 在Midjourney下方的输入框中输入相应的提示词，如图2-39所示。

Prompt：Product photography of vintage coffeemachine, coastal style kitchen in villa.serenity and peace, monochromaticscheme, light landscape, beach fromwindow, ultra HD, octane rendering. ultra HD

提示词：复古咖啡机，别墅海滨风格厨房的产品摄影。宁静与和平，单色方案，光景观，海滩从窗口，超高清，辛烷值渲染。超高清的

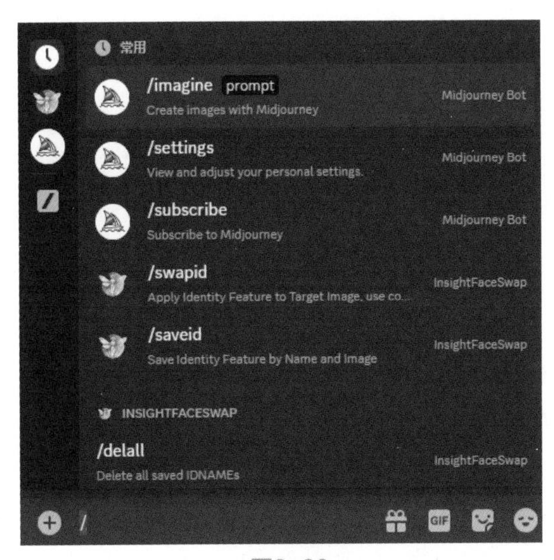

图2-38

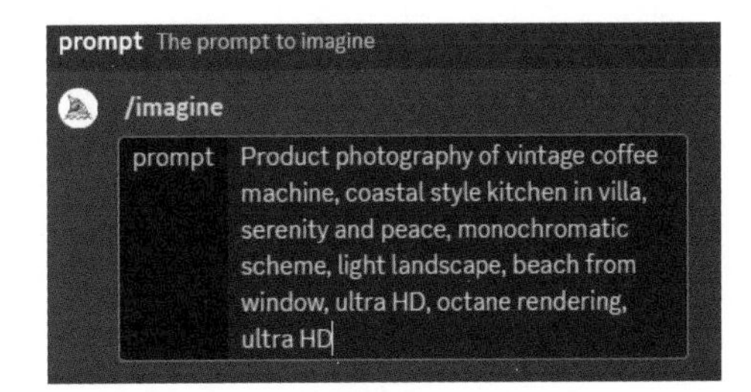

图2-39

▶03 按Enter键确认，生成的产品图如图2-40所示。

图2-40

2.5 风光摄影

风光摄影是指通过拍摄来记录和表现自然风光的一种摄影题材，例如拍摄广阔的天空、高山、大海、森林、沙漠、湖泊、河流等各种自然景观。风光摄影主要用于展现大自然的美丽和神奇之处，让观众感受到自然的力量和魅力。

在用AI生成风光摄影作品时不仅需要输入合理的光线和构图等关键词，还需注意景深的描述，营造出画面的层次感和深度感。

2.5.1 实战应用：生成花鸟图

花鸟图通常指的是以花卉和鸟类为主题的绘画作品，这种艺术风格在中国传统绘画中有着悠久的历史。花鸟图以其细腻的笔墨、丰富的色彩和生动的表现方式而闻名，是中国传统绘画中的一类经典题材。

在使用AI生成花鸟图时需要考虑光线、构图、教具、景别、摄影风格等关键词的描述，以绘制出真实、自然的花鸟效果图。例如在下述案例中，关键词中主要描述了小鸟的动作、颜色和背景等，摄影风格为32K UHD（Ultra High Definition，超高清）。

▶01 在Midjourney下面的对话框内输入“/”，在弹出的列表中选择“/imagine”指令，如图2-41所示。

▶02 在Midjourney下方的输入框中输入相应的提示词，如图2-42所示。

Prompt：A blue and gold kingfisher flowerbranch with lichen, dark cyan and whitestyle, soft atmosphere light emerald and orange. Dark teal and sky blue, Duccio, detailsthat you miss in the blink of an eye, 32K UHD

提示词：蓝色和金色的翠鸟花枝上有青苔，深青色和白色，柔和的气氛淡绿和橙色。暗蓝绿色和天蓝色，杜乔，你眨眼间就会错过的细节，32K超高清

▶03 按Enter键确认，生成的花鸟图如图2-43所示。

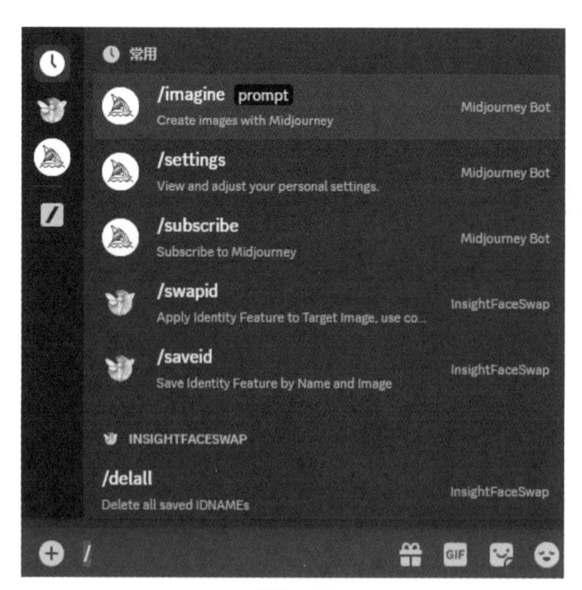

图2-41

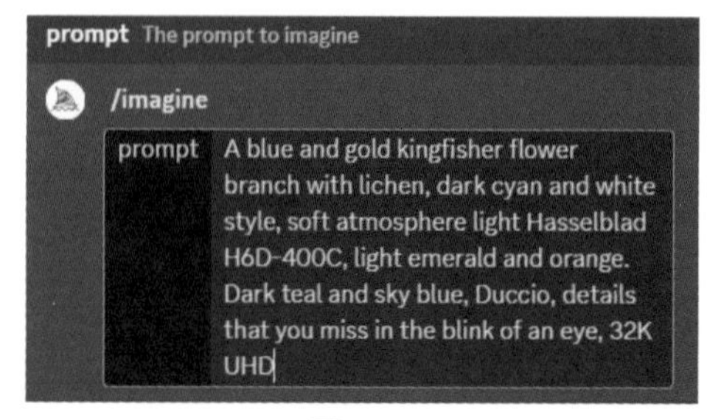

图2-42

图2-43

2.5.2　实战应用：生成山水图

山水图可以说是摄影师最常用的创作题材之一，摄影中的山水图是一种以山水为主要表现对象的摄影作品。这种摄影作品通常表现出山水的自然美和壮丽景象，是摄影艺术中的一种重要类型。

山水图可以通过不同的角度、光线、构图和拍摄技巧来表现山水的形态、色彩、纹理和氛围。摄影师通常会选择在日出日落时分或者雨后等特殊天气条件下进行拍摄，以营造出山水的壮丽和神秘感。下面介绍通过AI生成山水图的方法。

▶01 在Midjourney下面的对话框内输入“/”，在弹出的列表中选择“/imagine”指令，如图2-44所示。

▶02 在Midjourney下方的输入框中输入相应的提示词，如图2-45所示。

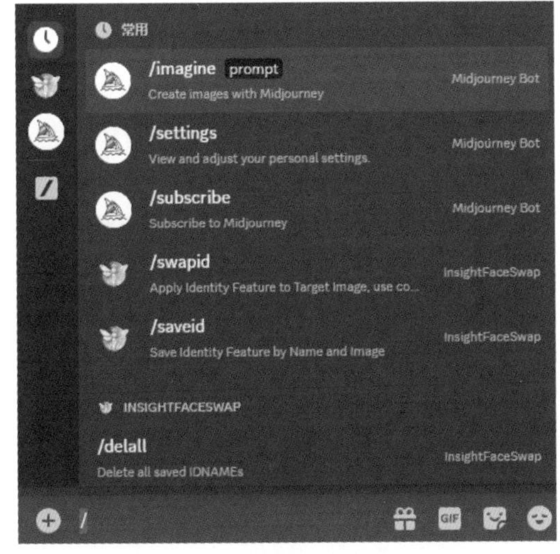

图2-44

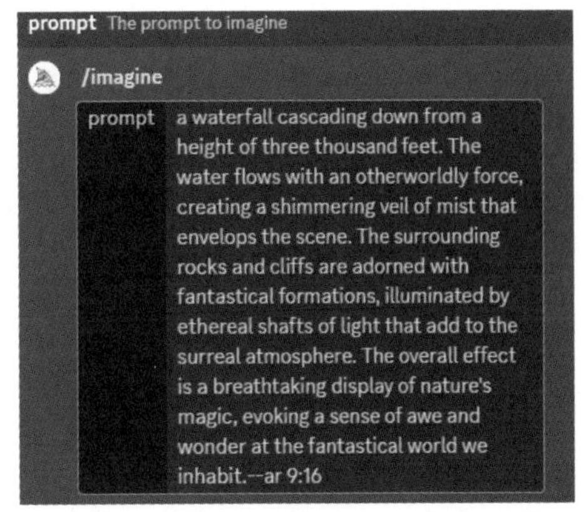

图2-45

Prompt：a waterfall cascading, down from aheipht of three thousand feet. Thewater flows with an otherworldly force.creating a shimmering veil of mist thatenvelops the scene. The surroundingrocks and cliffs are adorned withfantastical formations, illuminated byethereal shafts of light that add to thesurreal atmosphere. The overall effectis a breathtaking display of nature'smagic, evoking a sense of awe andwonder at the fantastical world weinhabit--ar9:16

提示词：瀑布从三千英尺高处倾泻而下。水流有着一种超凡脱俗的力量。创造了一个闪闪发光的薄雾面纱，笼罩着现场。周围的岩石和悬崖装饰着梦幻般的形状，被真实的光束照亮，增加了超现实的气氛。整体效果令人惊叹地展示了大自然的魔力，唤起了对我们所居住的梦幻世界的敬畏和惊奇感

▶03 按Enter键确认，生成的山水图如图2-46所示。

图2-46

2.5.3 实战应用：生成大漠孤烟图

“大漠孤烟”是一个富有诗意和浪漫色彩的词语，通常用来形容辽阔的沙漠中的景象，表达出孤独、辽阔和神秘的意境。

可以想象一下，“在无垠的大漠中，孤烟袅袅，勾勒出一幅寂静而神秘的画卷。金黄的沙丘连绵至远方，湛蓝而澄澈的天空映衬其间。微风轻轻吹过，卷起沙尘，与孤烟相映成趣。在这寂静的大漠之中，唯有孤烟缓缓上升，宛如沙漠中的一抹幽幽思绪。”下面介绍通过AI生成大漠孤烟图的方法。

▶01 在Midjourney下面的对话框内输入“/”，在弹出的列表中选择“/imagine”指令，如图2-47所示。

▶02 在Midjourney下方的输入框中输入相应的提示词，如图2-48所示。

Prompt：In the vast desert, a solitary wisp of smoke rise5, painting a scene of tranquility and mystery. Golden sanddunes stretch into the distance againsta clear and azure sky. A gentle breezestirs, lifting the sand dust and intertwining with the lone wisp of smoke. In this silent desert, a serene at mosphere prevails, where only the solitary smoke ascends, like a subtle thought in the heart of the desert

提示词：在广阔的沙漠中，一缕孤独的烟雾升起，描绘出一幅宁静而神秘的景象。金色的沙丘延伸到远处，湛蓝的天空映衬着清澈的天空。微风轻拂，扬起沙尘，与缕缕孤烟交缠。在这片寂静的沙漠里，弥漫着一种宁静的气氛，只有孤烟袅袅升起，就像沙漠深处的一种微妙的思想

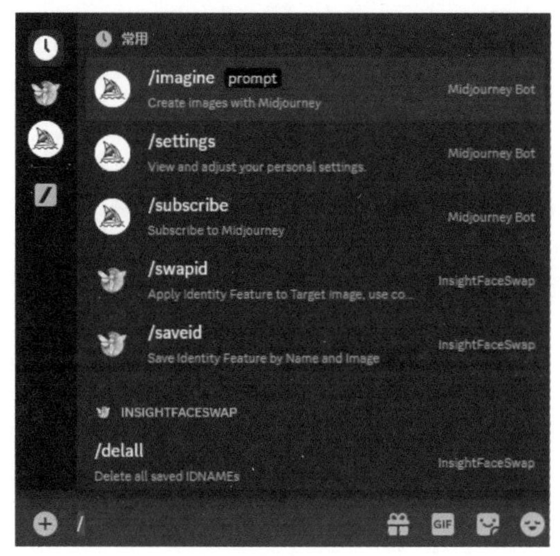

图2-47

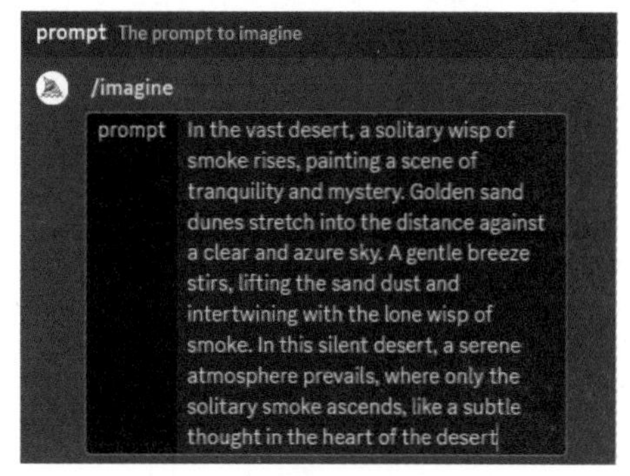

图2-48

▶03 按Enter键确认，生成的大漠孤烟图如图2-49所示。

图2-49

第3章 Stable Diffusion在AI摄影中的应用

Stable Diffusion是一种基于深度学习的文本到图像生成模型，于2022年发布。它能够根据文本描述生成详细的图像，同时也可以应用于其他任务，例如图生图、生成简短视频等。Stable Diffusion是一种潜在扩散模型，由慕尼黑大学的CompVis研究团队开发。本章主要介绍Stable Diffusion的基本功能和实战应用。

3.1 Stable Diffusion概述

Stable Diffusion是一个开源的AI绘画工具，它可以根据用户输入的文本描述，自动生成高质量、高分辨率的图像。这个软件使用了一种名为潜在扩散模型的技术，能够逐步将随机噪声转化为目标图像。由于其强大的稳定性和可控性，Stable Diffusion在设计师和艺术家中广受欢迎，被用于创意素材的生成、图像修复、风格转换等多个领域。

3.1.1 Stable Diffusion简介

Stable Diffusion也是一个相对容易上手的工具，用户可以通过调整参数、选择不同的模型和插件来获得更加多样化的图像效果。而且，由于其开源的特性，用户还可以根据自己的需求对模型进行训练和调整，以适应特定的应用场景。它主要用于根据文本的描述产生详细图像。这个模型是基于“潜在扩散模型（latent diffusion model；LDM）”的模型。

从技术角度来看，Stable Diffusion利用了深度学习技术，特别是生成模型来生成和训练数据（在这种情况下是图片）相似的新数据。用户只需要给模型一段文字描述，例如“A cute kitten”，如图3-1所示，模型会自动生成一张与描述匹配的图片，图片内容就是一只可爱的猫。这个过程完全自动化，无须人工参与。

Stable Diffusion的用途非常广泛。除了最常见的根据文字生成图片，它还可以用于其他任务，例如在提示词指导下产生图生图的翻译，以及内补绘制和外补绘制等。在图像处理方面，它可以用于平滑图像、去噪、边缘检测、图像分割和纹理分析。在机器学习和计算机视觉领域，Stable Diffusion也可以用于特征提取、降维、聚类分析和异常检测等。

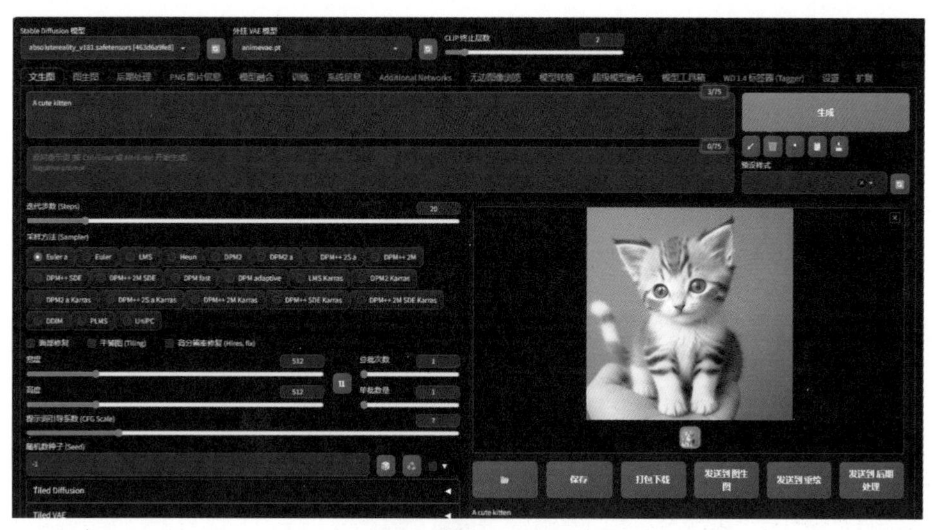

图3-1

3.1.2 Stable Diffusion的特点

相较于其他AI绘画工具，Stable Diffusion具有以下显著的特点。

（1）开源性质：Stable Diffusion是开源的，这意味着任何人都可以查看、使用和修改其源代码。这为开发者提供了一个极好的机会，可以根据自己的需求定制和优化模型。

（2）图像质量和分辨率：使用Stable Diffusion生成的图像通常具有相当高的质量。而且，由于模型的高级架构，它能够生成高分辨率的图像。

（3）艺术风格：除了生成现实主义的图像，Stable Diffusion还可以用于生成各种艺术风格的图像。例如，用户可以提供一段描述艺术风格的文字，然后模型会生成与该风格匹配的图像。

（4）广泛的应用领域：除了前面提到的设计、艺术和科学领域，Stable Diffusion还有可能用于教育、娱乐、广告和游戏开发等多个行业。例如，教师可以使用这个工具为学生创建定制化的教学内容，广告商可以使用它来快速生成广告图像，游戏开发者可以使用它来创建游戏角色和场景。

（5）技术前沿：Stable Diffusion代表了深度学习技术的前沿。它的成功实现证明了深度学习在图像生成方面的巨大潜力，并可能激励更多的研究和开发活动。

（6）持续优化和更新：作为一个开源项目，Stable Diffusion持续得到其开发社区的优化和更新。这意味着该模型在未来可能会变得更加高效和强大。

3.2 Stable Diffusion界面介绍

前面介绍了Stable Diffusion的基本概述，本节将着重介绍Stable Diffusion的基础界面。

3.2.1 文生图界面

Stable Diffusion的文生图界面最常用，该界面主要由以下部分组成，如图3-2所示。

（1）模型选择区：在这里可以加载并选择主模型，主模型会影响生成的图片的画风。

（2）界面导航区：在这里单击导航标签即可切换到不同的界面，安装新的插件会相应地增加这个区域的导航标签。

（3）提示词书写区：用户可以在这里输入正面提示词和负面提示词，让它生成更符合用户要求的图片，所有提示词均为英文单词或短句。

（4）参数区：可用于调整各类参数，由此调整图片的生成效果。

（5）脚本与插件区：可以加载各类脚本与插件来辅助图片的生成。

（6）提示词储存区：可以储存和加载用户编辑好的提示词。

（7）图片预览区：会显示所生成的图片。

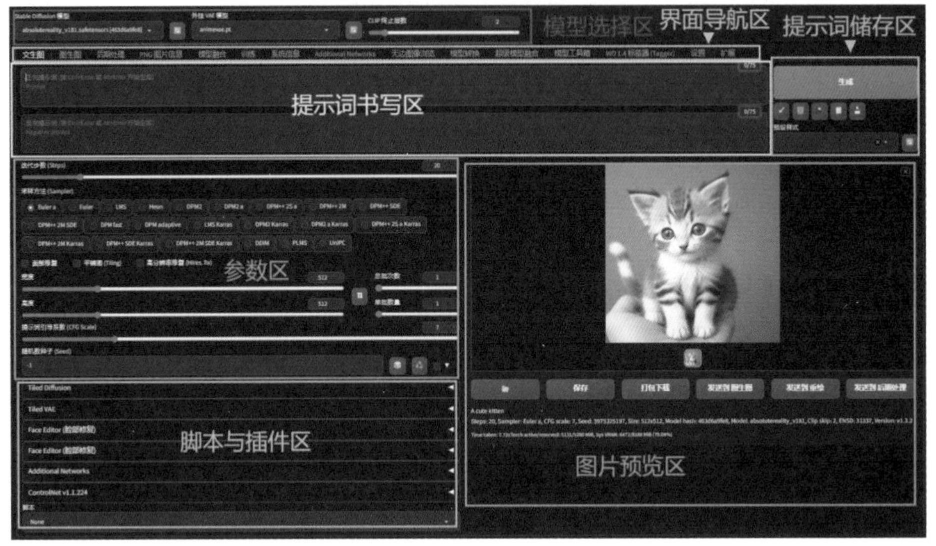

图3-2

3.2.2 图生图界面

相较于文生图界面，图生图界面在左下角增加了一个图片上传区，如图3-3所示。单击图片上传区或拖动图片上传一张底图，然后根据这张底图的画风或结构来生成新的图片内容。其他区域与文生图界面一致。

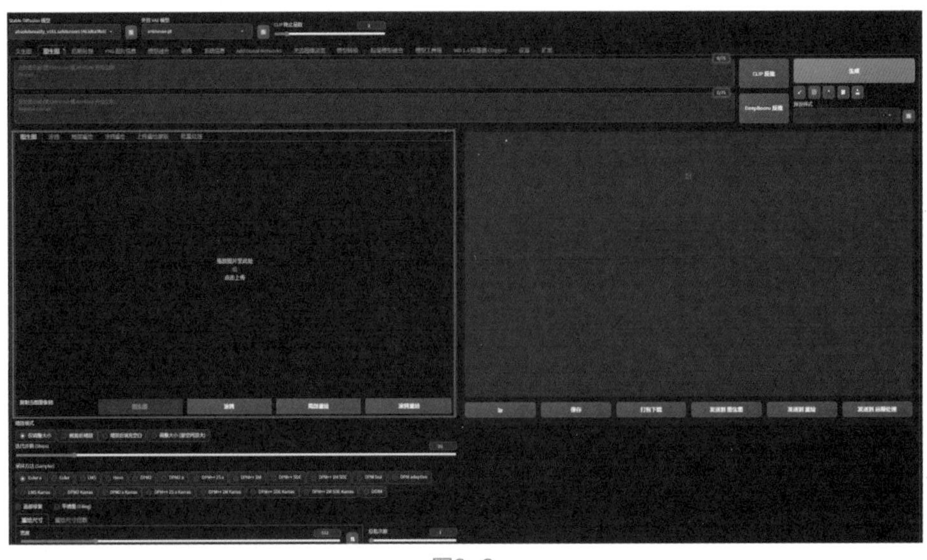

图3-3

3.2.3　训练界面

在Stable diffusion的训练界面可以创建自己的模型，并且通过设置不同的参数来完成模型训练，如图3-4所示，包括创建嵌入式模型、创建超网络（Hypernetwork）、图像预处理和训练。

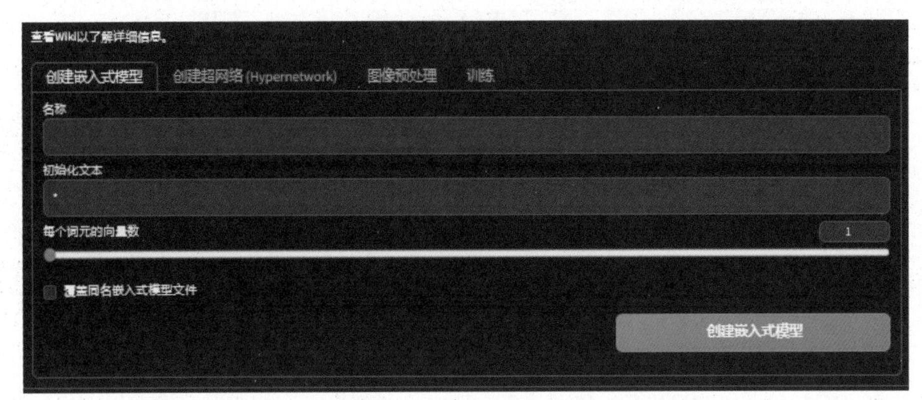

图3-4

3.2.4　设置界面

在Stable diffusion的设置界面可以设置全局参数，如图3-5所示。

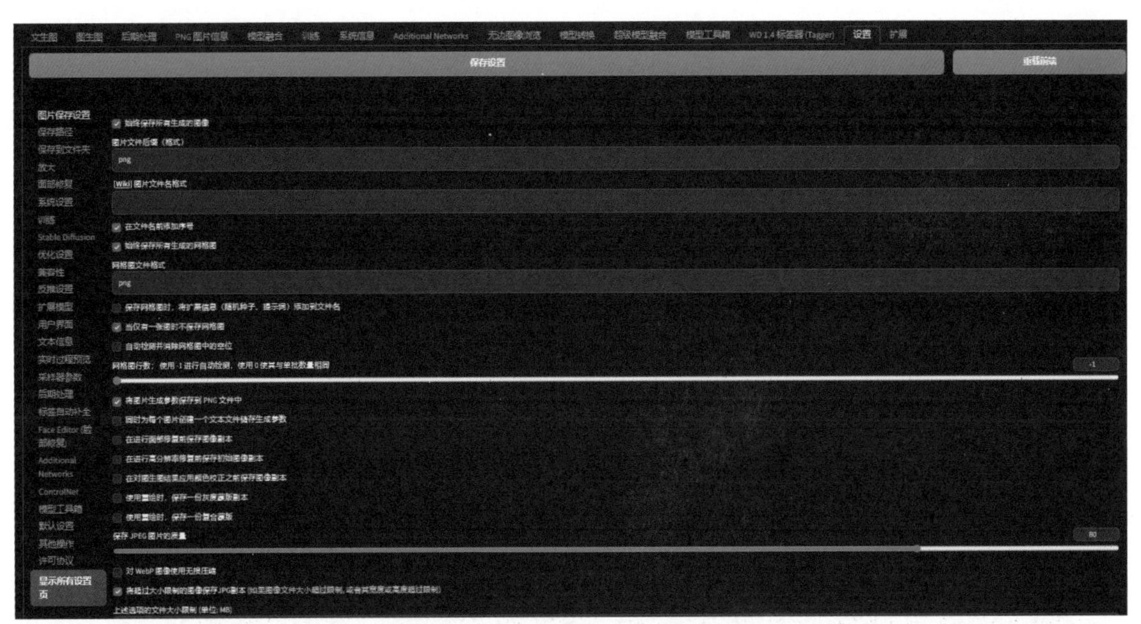

图3-5

3.2.5　扩展界面

在Stable diffusion的扩展界面可以查看或更新已安装的插件，还可以通过在线方式自动安装新的插件。单击“检查更新”按钮，可以自动检测需要更新的插件，如图3-6所示。

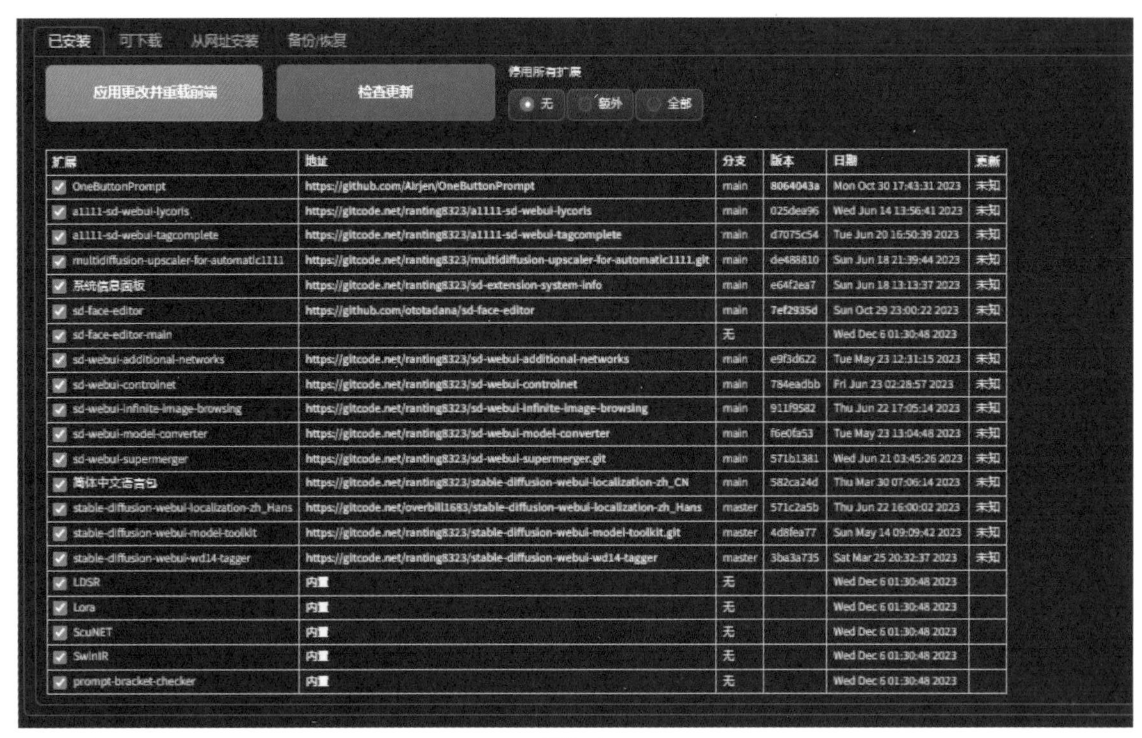

扩展	地址	分支	版本	日期	更新
OneButtonPrompt	https://github.com/Alrjen/OneButtonPrompt	main	8064043a	Mon Oct 30 17:43:31 2023	未知
a1111-sd-webui-lycoris	https://gitcode.net/ranting8323/a1111-sd-webui-lycoris	main	025dea96	Wed Jun 14 13:56:41 2023	未知
a1111-sd-webui-tagcomplete	https://gitcode.net/ranting8323/a1111-sd-webui-tagcomplete	main	d7075c54	Tue Jun 20 16:50:39 2023	未知
multidiffusion-upscaler-for-automatic1111	https://gitcode.net/ranting8323/multidiffusion-upscaler-for-automatic1111.git	main	de488810	Sun Jun 18 21:39:44 2023	未知
系统信息面板	https://gitcode.net/ranting8323/sd-extension-system-info	main	e64f2ea7	Sun Jun 18 13:13:37 2023	未知
sd-face-editor	https://github.com/ototadana/sd-face-editor	main	7ef2935d	Sun Oct 29 23:00:22 2023	未知
sd-face-editor-main		无		Wed Dec 6 01:30:48 2023	
sd-webui-additional-networks	https://gitcode.net/ranting8323/sd-webui-additional-networks	main	e9f3d622	Tue May 23 12:31:15 2023	未知
sd-webui-controlnet	https://gitcode.net/ranting8323/sd-webui-controlnet	main	784eadbb	Fri Jun 23 02:28:57 2023	未知
sd-webui-infinite-image-browsing	https://gitcode.net/ranting8323/sd-webui-infinite-image-browsing	main	911f9582	Thu Jun 22 17:05:14 2023	未知
sd-webui-model-converter	https://gitcode.net/ranting8323/sd-webui-model-converter	main	f6e0fa53	Tue May 23 13:04:48 2023	未知
sd-webui-supermerger	https://gitcode.net/ranting8323/sd-webui-supermerger.git	main	571b1381	Wed Jun 21 03:45:26 2023	未知
简体中文语言包	https://gitcode.net/ranting8323/stable-diffusion-webui-localization-zh_CN	main	582ca24d	Thu Mar 30 07:06:14 2023	未知
stable-diffusion-webui-localization-zh_Hans	https://gitcode.net/overbill1683/stable-diffusion-webui-localization-zh_Hans	master	571c2a5b	Thu Jun 22 16:00:02 2023	未知
stable-diffusion-webui-model-toolkit	https://gitcode.net/ranting8323/stable-diffusion-webui-model-toolkit.git	master	4d8fea77	Sun May 14 09:09:42 2023	未知
stable-diffusion-webui-wd14-tagger	https://gitcode.net/ranting8323/stable-diffusion-webui-wd14-tagger	master	3ba3a735	Sat Mar 25 20:32:37 2023	未知
LDSR	内置	无		Wed Dec 6 01:30:48 2023	
Lora	内置	无		Wed Dec 6 01:30:48 2023	
ScuNET	内置	无		Wed Dec 6 01:30:48 2023	
SwinIR	内置	无		Wed Dec 6 01:30:48 2023	
prompt-bracket-checker	内置	无		Wed Dec 6 01:30:48 2023	

图3-6

依次单击“可下载”“加载扩展列表”按钮，可以加载所有可安装的插件列表，还可以在列表中看到插件名称和插件描述，单击最右侧的“安装”按钮即可自动安装对应的插件，如图3-7所示。

图3-7

打开“从网址安装”选项卡，在“扩展的git仓库网址”一栏输入插件的GitHub链接，可自动安装对应的插件，如图3-8所示。

图3-8

3.3　建筑摄影

建筑摄影是以建筑为拍摄对象、用摄影语言来表现建筑的专题摄影，在拍摄选题、器材选用、构图用光、捕捉瞬间等方面都有一定的专业要求。Stable diffusion同样也能实现实拍摄影的效果。

3.3.1　实战应用：生成古镇图

▶01 选择模型。在开始AI绘图前，如何选择合适的模型是很重要的。可以从想画的风格（写实、二次元、卡通盲盒等）选择大模型，这里实战应用是古镇图，所以可以选择写实风格的大模型，如图3-9所示。

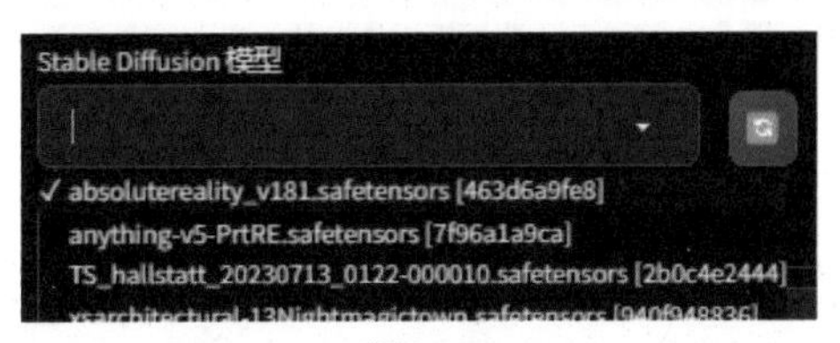

图3-9

▶02 在输入框中输入正面提示词：Retro-futuristic ancient Chinese castle, fantasy, Unreal Engine 5, key shots, octane, artstation trend, ultra-high detail, ultra-realistic, Art by Krenz Kushart and Artem Demura and Alphonse Mucha, 4k, highly detailed

复古未来主义的中国古城，幻想，虚幻引擎5，关键镜头，辛烷值，artstation趋势，超高细节，超现实主义，Krenz Kushart和Artem Demura以及Alphonse Mucha的艺术作品，4K，高度详细

负面提示词：nsfw, paintings, cartoon, anime, sketches, worst quality, low quality, normal quality, lowres, watermark, monochrome, grayscale, ugly, blurry, Tan skin, dark skin, black skin, skin spots, skin blemishes, age spot, glans, disabled, bad anatomy, amputation, bad proportions, twins, missing body, fused body, extra head, poorly drawn face, bad eyes, deformed eye, unclear eyes, cross-eyed, long neck, malformed limbs, extra limbs, extra arms, missing arms, bad tongue, strange fingers, mutated hands, missing hands, poorly drawn hands, extra hands, fused hands, connected hand, bad hands, missing fingers, extra fingers, 4 fingers, 3 fingers, deformed hands, extra legs, bad legs, many legs, more than two legs, bad feet, extra feets

nsfw，绘画，卡通片，动漫，素描，最差质量，低质量，正常质量，低分辨率，水印，单色，灰度，丑陋，模糊，棕褐色皮肤，深色皮肤，黑色皮肤，皮肤斑点，皮肤瑕疵，老年斑，残疾，解剖结构

不良，截肢，比例不良，双胞胎，缺失的身体，融合的身体，额外的头，画得不好的脸，坏眼睛，畸形的眼睛，不清晰的眼睛，斗鸡眼，长脖子，畸形的四肢，多余的四肢，多余的手臂，缺少手臂，坏舌头，奇怪的手指，变异的手，缺少的手，画得不好的手，多余的手，融合的手，连接的手，坏的手，缺失的手指，额外的手指，4根手指，3根手指，畸形的手，额外的腿，坏腿，许多腿，超过两条腿，坏脚，额外的脚。

▶03 设置参数。参数的设置如图3-10所示。

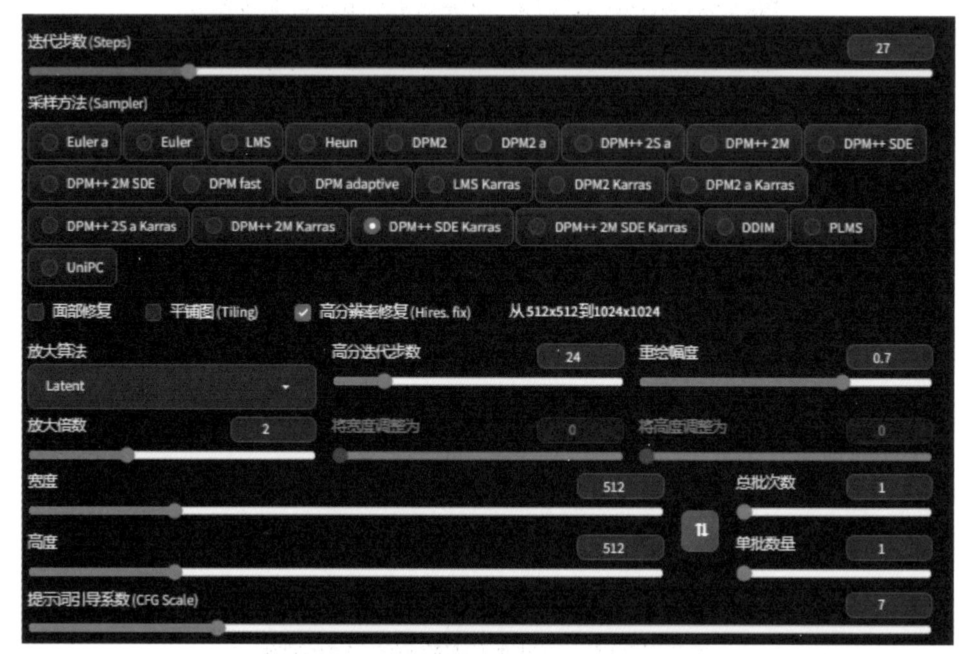

图3-10

▶04 单击页面上的"生成"按钮，等待一两分钟，一张精美的古镇图就生成好了，如图3-11所示。

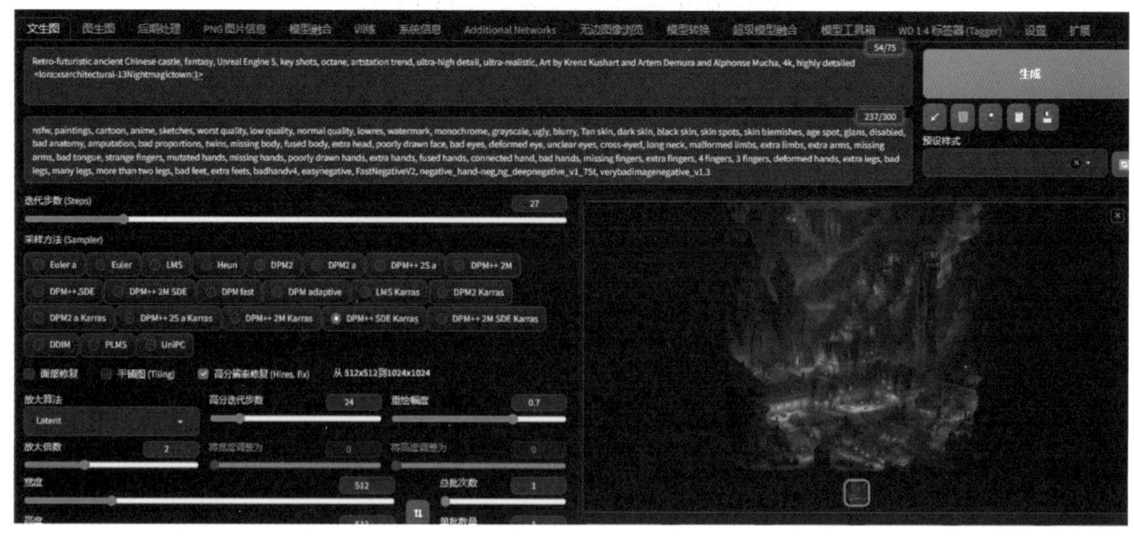

图3-11

如果对生成的图片内容不满意，可以在其他网站内容中（如C站）选择想要的风格模型并下载，如图3-12所示。

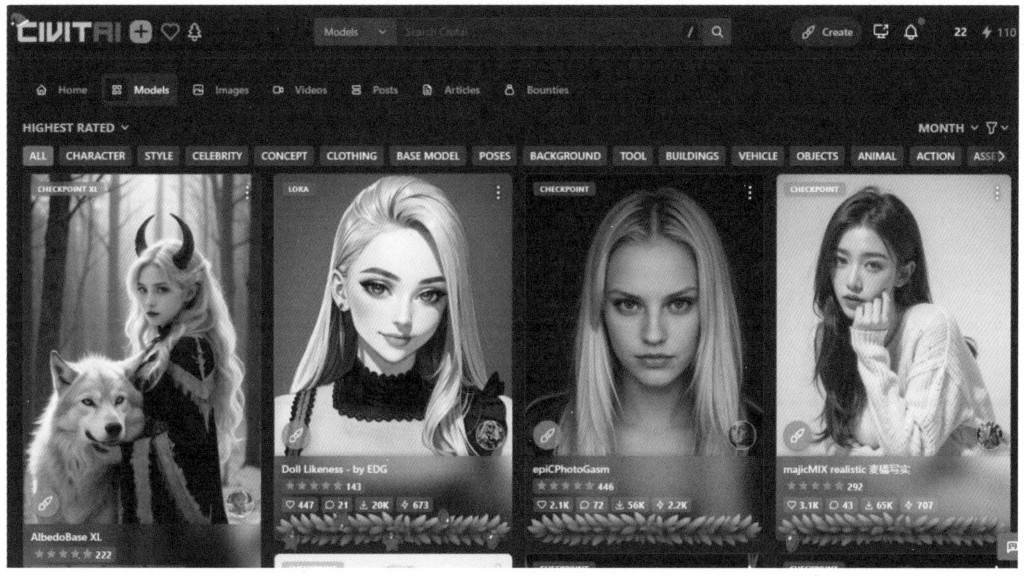

图3-12

3.3.2　实战应用：生成村落图

01 打开C站网页，找到适合的模型（村落图尽量选择写实风格的模型），并下载，如图3-13所示。

图3-13

02 下载完成后，根据文件的大小、格式决定文件放在哪里。

> **提示**
>
> Stable Diffusion基础模型（大模型、底模型、主模型、base mode）是Stable Diffusion绘图的主模型，包含大量的场景素材，所以它的体积很大，其他模型都是在它的基础上做一些细节的定制，安装完Stable Diffusion软件后，必须搭配基础模型才能使用，每种基础模型都有各自侧重的画风和擅长领域，如图3-14所示。

常见文件格式：尾缀ckpt、safetensors。

常见文件大小：2GB～7GB。

模型存放路径：E:\sd-webui-aki-v4.2\sd-webui-aki-v4.2\models\Stable-diffusion。

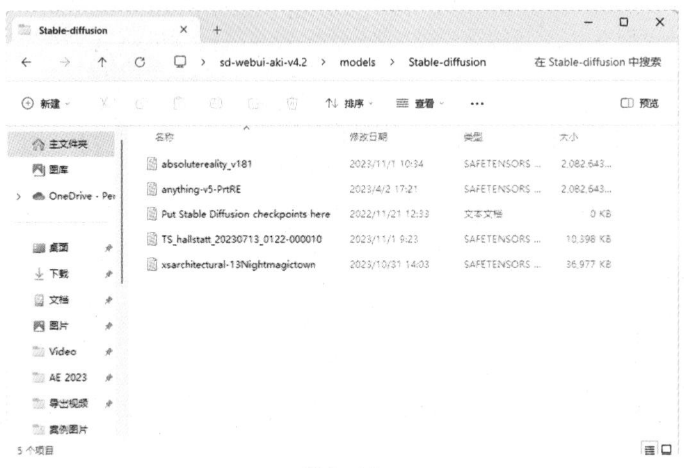

图3-14

VAE（Variational AutoEnconder，变分自编码器）一般用于美化图片的色彩和细节微调，主要功能是滤镜和微调；滤镜就像是剪映、美图秀秀、PS等软件用到的滤镜一样，让图片的画面看上去整体色彩饱和，清晰度更高；微调就是对出图的部分细节进行细微调整，如图3-15所示。

常见文件格式：尾缀ckpt、pt、safetensors（一般名字中会带有vae的字样）。

常见文件大小：100MB～800MB。

模型存放路径：E:\sd-webui-aki-v4.2\sd-webui-aki-v4.2\models\VAE。

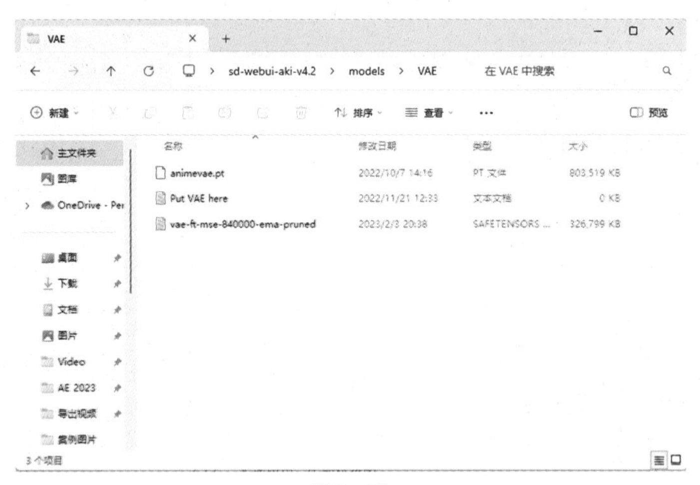

图3-15

Loar模型是一个微调模型，主要是用于满足对特定的风格，或指定的人物特征属性进行定制。在数据相似度非常高的情形下，Lora模型更加轻巧，训练效率也更高，可以节省大量的训练时间和训练资源，如图3-16所示。

常见文件格式：尾缀safetensors、pt、ckpt。

常见文件大小：100MB～300MB。

模型存放路径：E:\sd-webui-aki-v4.2\sd-webui-aki-v4.2\models\Lora。

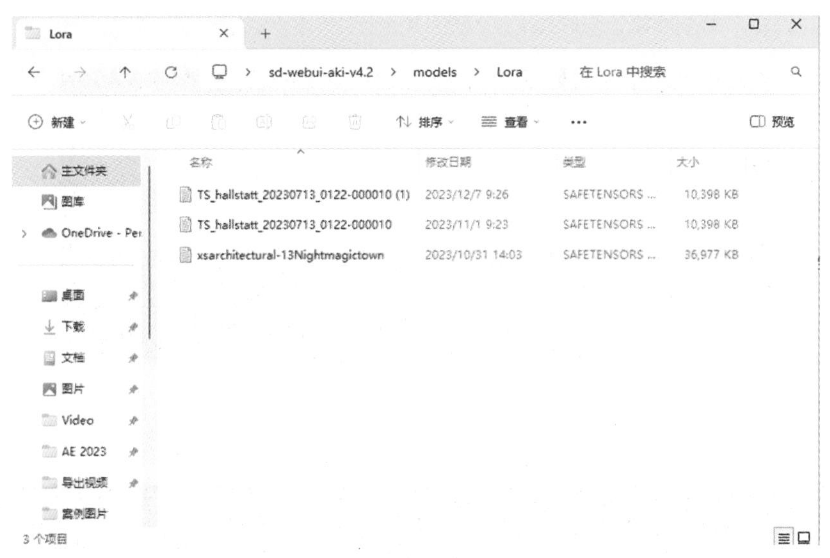

图3-16

还有两个不是常用的模型，不再进行详细介绍。

Embedding模型（反向Tag）：E:\sd-webui-aki-v4.2\sd-webui-aki-v4.2\embeddings。

Hypernetwork模型：E:\sd-webui-aki-v4.2\sd-webui-aki-v4.2\models\hypernetworks。

03 放好后，重新启动Stable Diffusion，输入正面提示词和负面提示词，如图3-17所示。

正面提示词：a superwide photo of a town in Hallstatt Austria taken from afar. Docks, shore, foggy mountains, tower, (lake:0.7) in background. golden hour, RAW photo, 8k uhd, high quality, Portra 400

从远处拍摄的奥地利哈尔施塔特小镇的超广角照片。码头，岸边，雾山，塔，（湖：0.7）在背景中。黄金时段，RAW照片，8K超高清，高质量，Portra 400

负面提示词：nsfw，grayscale, monochrome, sepia, airbrush, cropped, border, (white border:1.4), (black border:1,4), (watermark:1.4), (text:1.4), white letters, error, jpeg artifacts, lowres, normal quality, (signature:1.4), sketches, worst quality, bad anatomy, bad feet, bad hands, extra arms, extra digit, extra fingers, extra legs, extra limbs, fewer digits, fused fingers, malformed limbs, missing arms, missing fingers, missing legs, mutated hands, too many fingers

nsfw，灰度，单色，棕褐色，喷枪，裁剪，边框，（白色边框：1.4），（黑色边框：1,4），（水印：1.4），（文本：1.4），白色字母，错误，JPEG伪影，低分辨率，正常质量，（签名：1.4），草图，最差的质量，糟糕的解剖结构，糟糕的脚，坏手，多余的手臂，额外的手指，额外的腿，额外的四肢，更少的手指，融合的手指，畸形的四肢，缺失的手臂，缺失的手指，缺失的腿，变异的手，手指太多

图3-17

▶04 选择下载的模型，单击“模型”按钮，如图3-18所示。

图3-18

▶05 下载的模型会在提示词的下方出现，单击需要的模型即可，如图3-19所示。

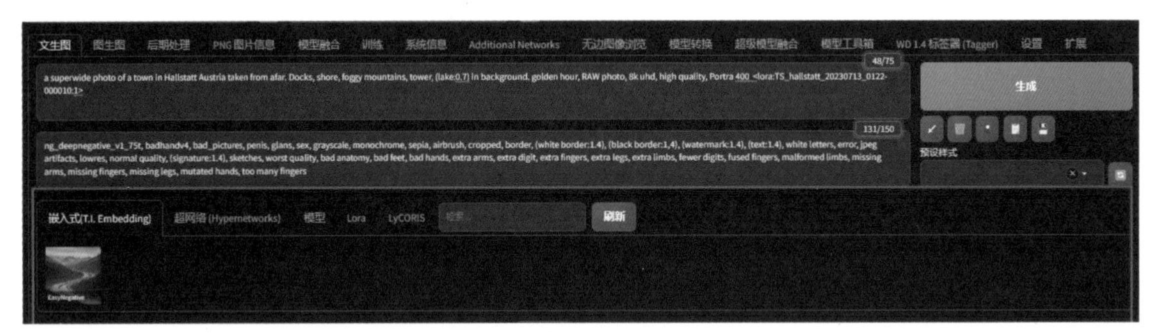

图3-19

▶06 选择参数，参数设置如图3-20所示。

图3-20

▶07 单击“生成”按钮，等待一小会儿，就能得到一组十分精美的村落图，如图3-21所示。

图3-21

3.3.3 实战应用：生成桥梁图

生成桥梁图时，需要考虑光线、角度、构图、色彩、对比度、摄影风格等关键词的描述，以突出桥梁的特点。

01 选择合适的模型（建议使用写实风格），输入正、反面提示词，如图3-22所示。

正面提示词：A modernist bridge, with countless neatly arranged cable-stayed steel cables, like a huge harp playing in the wind. The whole bridge is exquisitely designed, beautiful in shape, magnificent, across both banks, modernist style, ultra-realistic picture quality, master craftsmanship, 3/4 perspective, soft, architectural photography

一座现代主义的桥梁，无数整齐排列的斜拉钢索，就像一把巨大的竖琴在风中演奏。整座桥设计精美，造型美观，气势磅礴，横跨两岸，现代主义风格，超逼真画质，精湛工艺，3/4透视，柔和，建筑摄影

负面提示词：(bad quality, worst quality:1.3), (bad-hands-5), verybadimagenegative_v1.3, bad_prompt_version2, easynegative

（质量差，质量最差：1.3），（坏手-5），verybadimagenegative_v1.3, bad_prompt_version2, easynegative

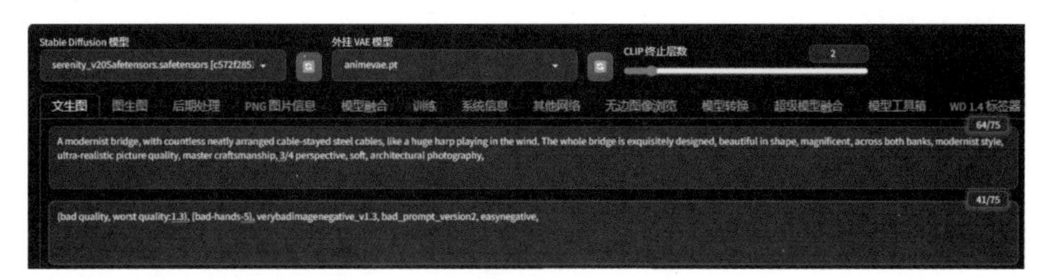

图3-22

02 调整参数，参数设置如图3-23所示。

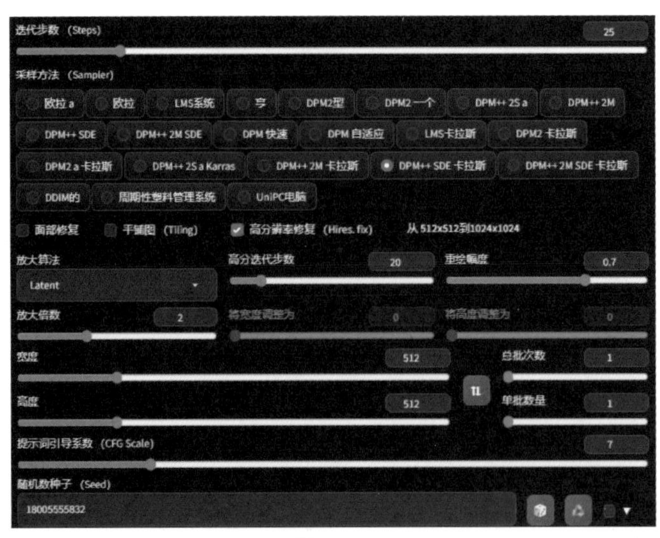

图3-23

▶03 单击“生成”按钮，稍等一两分钟，就能得到精美的桥梁图，如图3-24所示。

图3-24

3.4 动物摄影

动物摄影是记录和表现各种动物的外貌和行为的摄影题材。在使用AI生成动物摄影作品时，需要考虑光线、构图、焦距、景别、摄影风格等关键词的描述，以绘制出真实、自然的动物效果图。

3.4.1 实战应用：生成鱼类图

▶01 选择合适的模型，并输入正、反面提示词，如图3-25所示。

正面提示词：(a lot of beautiful fish:1.3), hyperrealism, highly detailed background, 8k uhd, dslr, soft lighting, high quality, film grain, Fujifilm XT3, HD, Sharp, film grain, polaroid style, transparent water, masterpiece, small plants in background, in the ocean, sunlight from top, rocks on bottom, (depth of field:1.3), (underwater:0.7), color wash, bokeh, (center photo subject:1.2), (symmetrical composition:1.2), (abstract background:1.2), (reef:1.2)

（很多美丽的鱼：1.3），超现实主义，高度详细的背景，8K UHD，数码单反相机，柔和的灯光，高质量，胶片颗粒，富士XT3，高清，锐普，胶片颗粒，宝丽来风格，透明水，杰作，背景中的小植物，在海洋中，从顶部的阳光，底部的岩石，（景深：1.3），（水下：0.7），彩色洗涤，散景，（中心照片主题：1.2），（对称构图：1.2），（抽象背景：1.2），（礁石：1.2）

负面提示词：(deformed iris, deformed pupils, semi-realistic, cgi, 3d, render, sketch, cartoon, drawing, anime:1.4), text, close up, cropped, out of frame, worst quality, low quality, jpeg artifacts, ugly, duplicate, morbid, mutilated, extra fingers, mutated hands, poorly drawn hands, poorly drawn face, mutation, deformed, blurry, dehydrated, bad anatomy, bad proportions, extra limbs, cloned face, disfigured, gross proportions, malformed limbs, missing arms, missing legs, extra arms, extra legs, fused fingers, too many fingers, long neck

（畸形虹膜，畸形瞳孔，半逼真，CGI，3d，渲染，素描，卡通，绘画，动漫：1.4）、文本，特写，裁剪，出框，质量最差，质量低下，JPEG伪影，丑陋，重复，病态，残缺，多余的手指，变异的手，画得不好的手，画得不好的脸，突变，畸形，模糊，脱水，解剖结构不良，比例不良，四肢多余，克隆脸，毁容，粗大比例，四肢畸形，手臂缺失，双腿缺失，多臂，多腿，手指融合，手指过多，长脖子

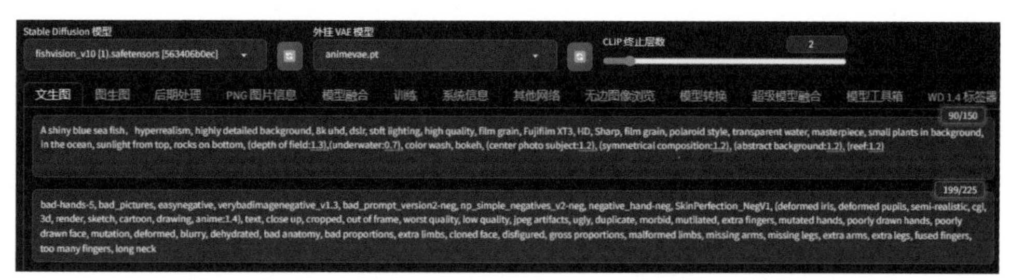

图3-25

▶02 调整参数，参数设置如图3-26所示。

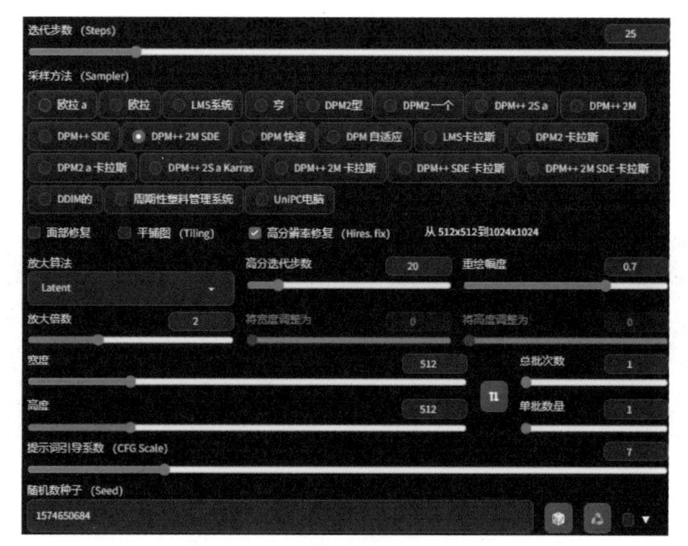

图3-26

▶03 单击“生成”按钮，稍等一两分钟，就能得到精美的鱼类图，如图3-27所示。

图3-27

3.4.2 实战应用：生成虫类图

▶01 选择合适的大模型，并输入正、反面提示词。为了突出图片色彩的鲜明，关键词中加入了velvia胶片，是富士推出的一款彩色反转片，广泛应用于风光摄影，其最大的技术特点是采用了DIR成色剂技术，使影像具有很好的清晰度和鲜艳的色彩再现，如图3-28所示。

正面提示词：Extreme macro close-up of the seven-star ladybug on the leaves, reflection, ripples, extreme anatomical details, velvia film, VREAK Art Nouveau design

叶子上七星瓢虫的极端微距特写，反射，涟漪，极端的解剖细节，velvia胶片，VREAK新艺术风格设计

负面提示词：(deformed iris, deformed pupils, semi-realistic, cgi, 3d, render, sketch, cartoon, drawing, anime:1.4), text, close up, cropped, out of frame, worst quality, low quality, jpeg artifacts, ugly, duplicate, morbid, mutilated, extra fingers, mutated hands, poorly drawn hands, poorly drawn face, mutation, deformed, blurry, dehydrated, bad anatomy, bad proportions, extra limbs, cloned face, disfigured, gross proportions, malformed limbs, missing arms, missing legs, extra arms, extra legs, fused fingers, too many fingers, long neck

图3-28

▶02 调整参数，参数设置如图3-29所示。

▶03 单击“生成”按钮，就能得到精美的昆虫图，如图3-30所示。

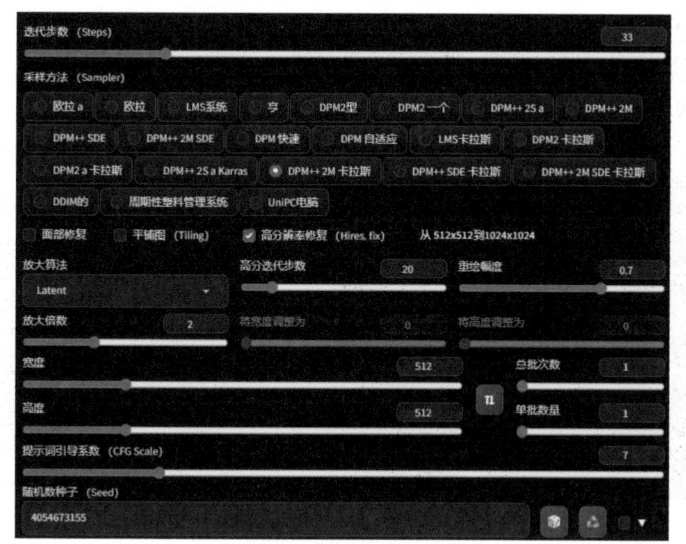

图3-29

图3-30

3.4.3 实战应用：生成宠物图

▶01 选择合适的模型，输入正、反面提示词。为了模拟出真实的摄影效果，关键词中加入了富士XT3，这是一款无反数码相机，如图3-31所示。

正面提示词：RAW photo of A charming long brown coat dog wearing a tiny hat, masterpiece, sharp, shelti, ultra detailed, brown eye, 8K, (soft dimmed light), 8K uhd, dslr, soft lighting, high quality, film grain, Fujifilm XT3, intricate detail

RAW照片一只迷人的棕色长外套狗戴着一顶小帽子，杰作，锐利，搁板，超细节，棕色眼睛，8K，(柔和的昏暗光线)，8K UHD，数码单反相机，柔和的灯光，高质量，胶片颗粒，富士XT3，复杂的细节

负面提示：(worst quality:2), (low quality:2), (normal quality:2), lowres, normal quality,bad-artist, (monochrome), (grayscale), bad anatomy, skin spots, acnes, skin blemishes, age spot, glans, extra fingers, fewer fingers, strange fingers, bad hand, bad-artist

(最差质量：2)，(低质量：2)，(正常质量：2)，低分辨率，正常质量，坏艺术家，(单色)，((灰度)，解剖学不良，皮肤斑点，痤疮，皮肤瑕疵，老年斑，多余的手指，更少的手指，奇怪的手指，坏手，坏艺术

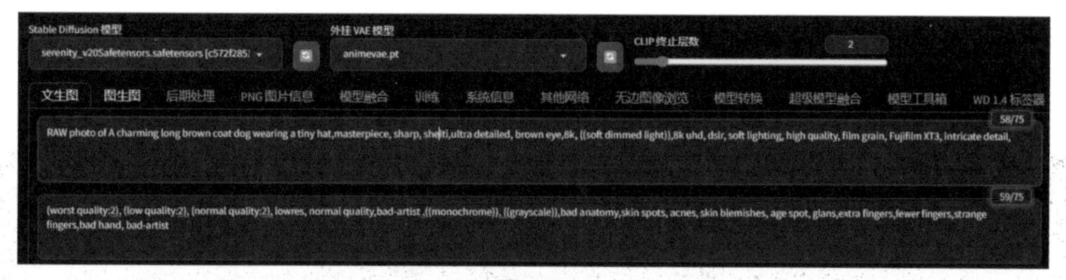

图3-31

▶02 调整参数，参数设置如图3-32所示。

▶03 单击“生成”按钮，稍等一会儿就能得到精美的宠物狗图，如图3-33所示。

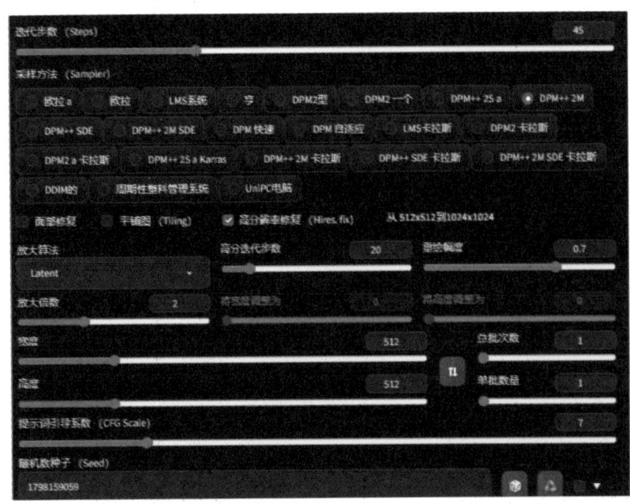

图3-32

图3-33

3.5 人文摄影

人文摄影是一种通过摄影来表现人类生活、文化、社会和情感等方面的艺术形式，它强调对人类经验的关注和理解，旨在捕捉人类的情感、个性和文化背景，以展现人物的特点。

3.5.1 实战应用：生成春耕图

01 选择合适的模型，输入正、反面提示词。在关键词中不仅仅刻画了图片的整体形象，还加入了明暗对比、光影、构图比例等专业摄影名词，如图3-34所示。

正面提示词：In the rice fields of southern China, farmers plough their fields with hope, oxen dragging plows in front and farmers controlling the direction in the back, a documentary-like picture. (Blazing Skies: 1.2), Fine Detail, (Prime Time: 1.2), Perfect Composition, 8K Art Photography, Volumetric Light, Rule of Thirds, Golden Ratio

在中国南方的稻田里，农民满怀希望地耕种着田地，牛拖着犁在前面，农民在后面控制方向，这是一幅纪录片般的画面。（炽热的天空：1.2），精细的细节，（黄金时段：1.2），完美构图，8K艺术摄影，体积光，三分法则，黄金比例

负面提示词：rendered, low quality, low resolution, (modern machine:1.2), (signature:1.3), (text:1.3), (watermark:1.3), hat

渲染，低质量，低分辨率，（现代机器：1.2），（签名：1.3），（文本：1.3），（水印：1.3），帽子

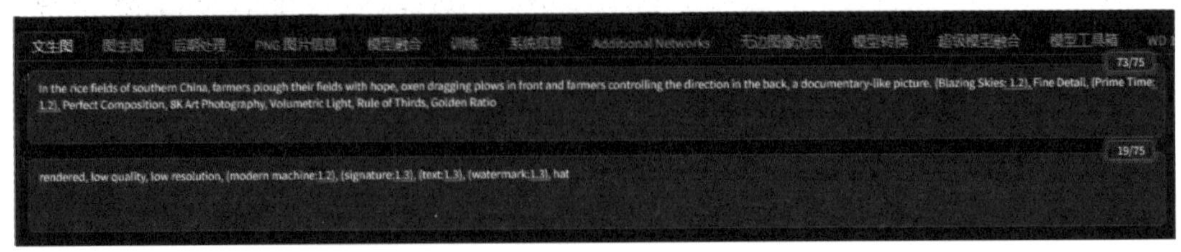

图3-34

▶02 调整参数，参数设置如图3-35所示。

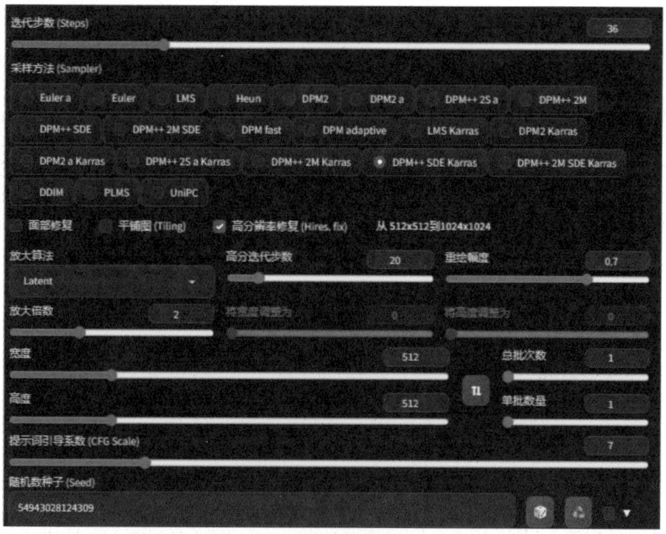

图3-35

▶03 单击“生成”按钮，稍等一两分钟就能得到春耕图，如图3-36所示。

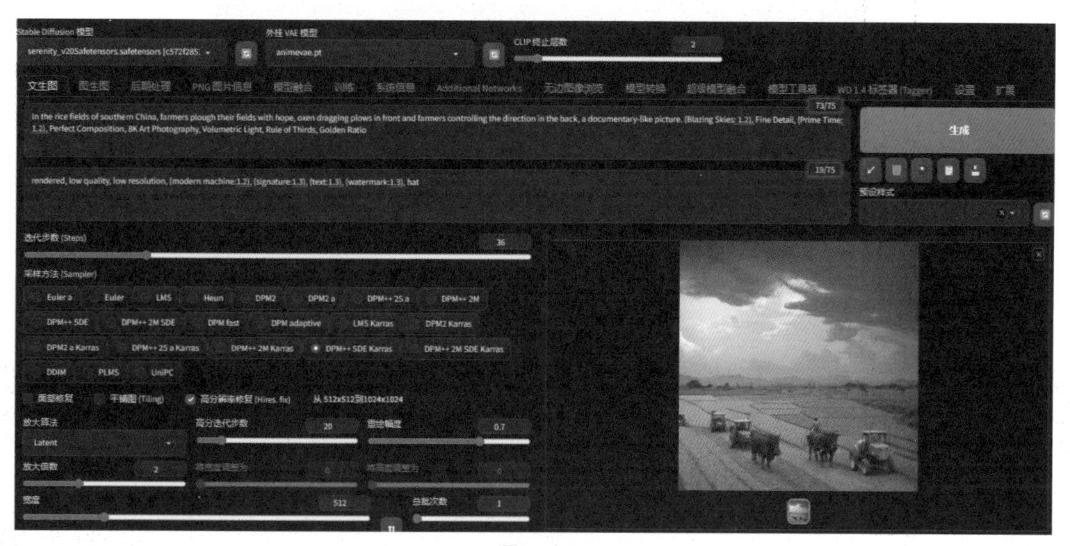

图3-36

3.5.2　实战应用：生成茶馆闲话图

▶01 选择合适的模型，输入正、反面提示词。为提升AI绘画作品的质量，在关键词中不仅描述了茶馆的细节和人物的动作，还加入了作品质量要求、动态角度等参数，如图3-37所示。

正面提示词：All kinds of people chatting over tea in the teahouse, the best quality, masterpieces, colorful, dynamic angles, the most detailed Chinese watercolors, hanging baskets, under the eaves, safflowers, buildings, windows, red peppers on the walls

各式各样的人在茶馆里边喝茶边聊天，最优质的，杰作，色彩缤纷，动感的角度，最细致的中国水彩画，吊篮，屋檐下，红花，建筑物，窗户，墙上的红辣椒

负面提示词：(no humans:2), nsfw, (worst quality:2), (low quality:2), (normal quality:2), lowres（无人：2），NSFW，（最差质量：2），（低质量：2），（正常质量：2），低分辨率

图3-37

▶02 调整参数，参数设置如图3-38所示。

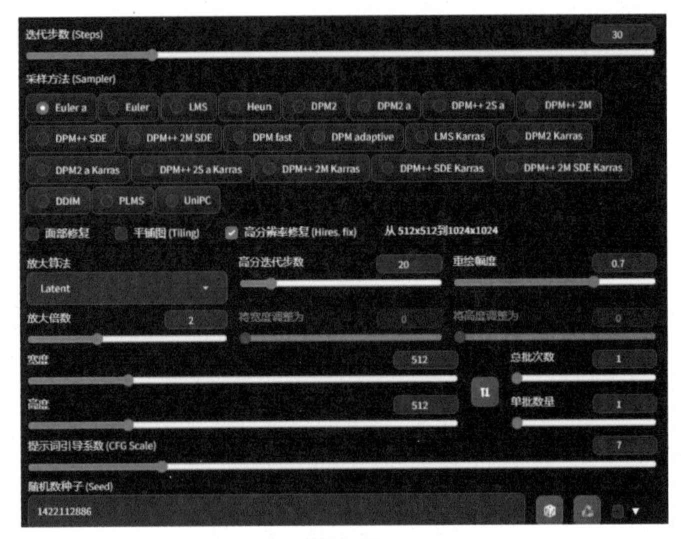

图3-38

▶03 单击“生成”按钮，稍等一会儿就能得到精美的茶馆闲话图，如图3-39所示。

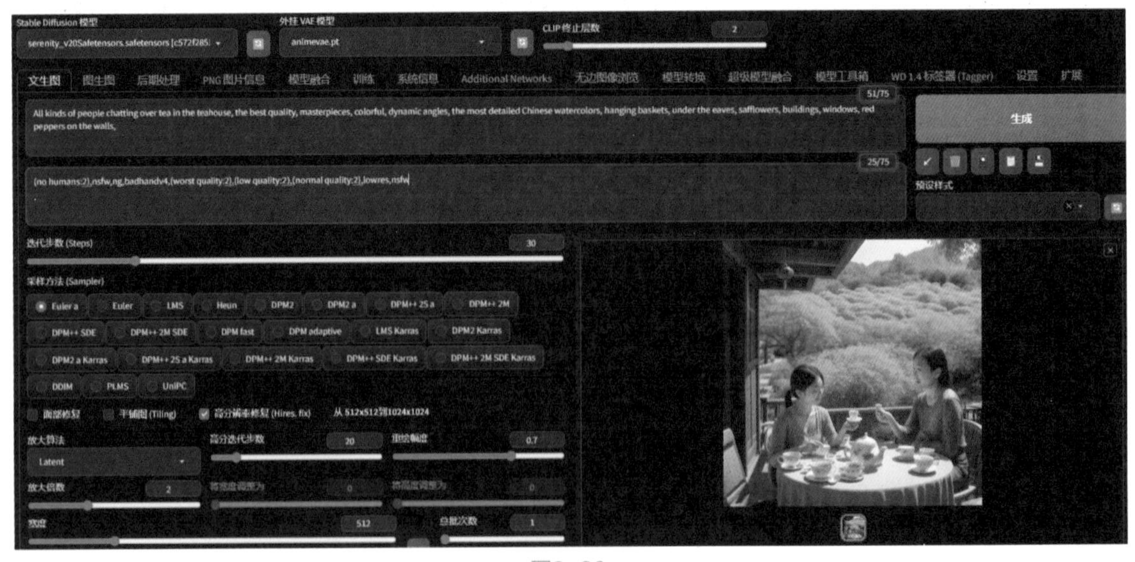

图3-39

3.5.3 实战应用：生成公园晨练图

▶01 选择合适的模型，输入正、反面提示词。在关键词中加入光线、构图等关键词，以突出画面整体的特点，如图3-40所示。

正面提示词：There are many people exercising in the park, landscape, FHD, 4K, 8K, high resolution, two-point perspective

有很多人在公园里锻炼，景观，FHD，4K，8K，高分辨率，两点透视

负面提示词：(deformed iris, deformed pupils, semi-realistic, cgi, 3d, render, sketch, cartoon, drawing, anime), text, cropped, out of frame, worst quality, low quality, jpeg artifacts, ugly, duplicate, morbid, mutilated, extra fingers, mutated hands, poorly drawn hands, poorly drawn face, mutation, deformed, blurry, dehydrated, bad anatomy, bad proportions, extra limbs, cloned face, disfigured, gross proportions, malformed limbs, missing arms, missing legs, extra arms, extra legs, fused fingers, too many fingers, long neck

（畸形的虹膜，畸形的瞳孔，半现实，CGI，3d，渲染，素描，卡通，素描，动漫），文本，裁剪，超出框架，质量最差，质量低下，JPEG伪影，丑陋，重复，病态，残缺，多余的手指，变异的手，画得不好的手，画得不好的脸，突变，变形，模糊，脱水，解剖结构不良，比例不良，多余的肢体，克隆脸，毁容，粗略比例，畸形肢体，缺失的手臂，缺少双腿，多出手臂，多出双腿，手指融合，手指过多，脖子长

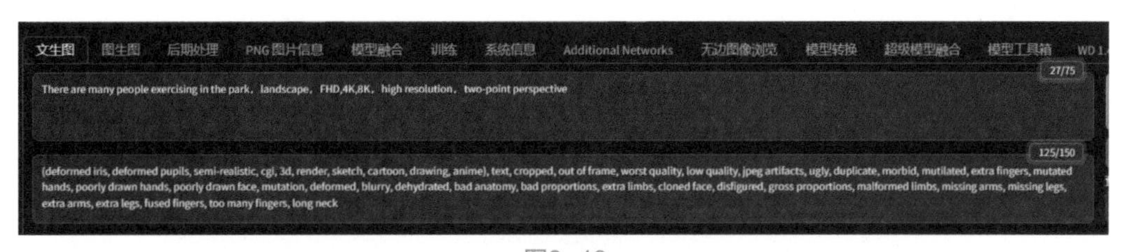

图3-40

▶02 调整参数，参数设置如图3-41所示。

图3-41

▶03 单击“生成”按钮，就能得到一幅公园晨练图，如图3-42所示。

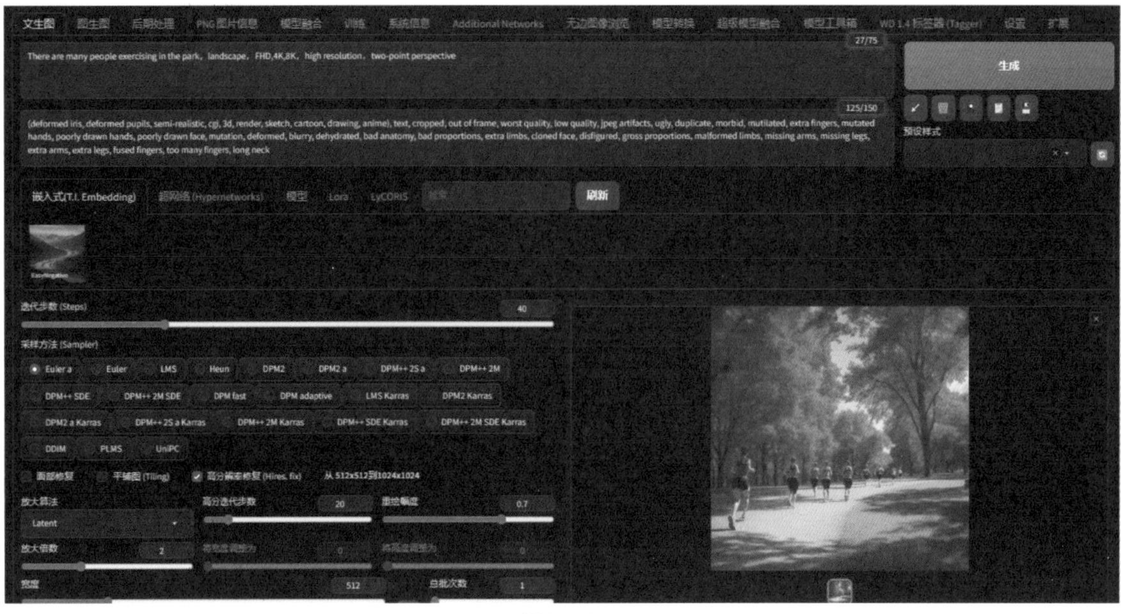

文生图
Additional Networks
27/75
There are many people exercising in the park，landscape，FHD,4K,8K，high resolution，two-point perspective
生成
125/150
(deformed iris, deformed pupils, semi-realistic, cgi, 3d, render, sketch, cartoon, drawing, anime), text, cropped, out of frame, worst quality, low quality, jpeg artifacts, ugly, duplicate, morbid, mutilated, extra fingers, mutated hands, poorly drawn hands, poorly drawn face, mutation, deformed, blurry, dehydrated, bad anatomy, bad proportions, extra limbs, cloned face, disfigured, gross proportions, malformed limbs, missing arms, missing legs, extra arms, extra legs, fused fingers, too many fingers, long neck
预设样式
嵌入式(T.I. Embedding)
Lora
LyCORIS
刷新
迭代步数 (Steps)
40
采样方法 (Sampler)
Euler a
Euler
LMS
Heun
DPM2
DPM2 a
DPM++ 2S a
DPM++ 2M
DPM++ SDE
DPM++ 2M SDE
DPM fast
DPM adaptive
LMS Karras
DPM2 Karras
DPM2 a Karras
DPM++ 2S a Karras
DPM++ 2M Karras
DPM++ SDE Karras
DPM++ 2M SDE Karras
DDIM
PLMS
UniPC
面部修复
平铺图 (Tiling)
高分辨率修复 (Hires. fix)
从 512x512到1024x1024
放大算法
Latent
高分迭代步数
20
重绘幅度
0.7
放大倍数
2
宽度
512
总批次数
1

图3-42

第4章 使用关键词优化视觉表现

AI摄影关键词是用于指导AI模型生成艺术作品的文本描述。这些关键词提供了一些线索和提示，帮助AI模型理解人类对艺术作品的要求和期望，从而生成更加符合人类审美和想象的作品。本章主要介绍AI摄影常用的视觉指令、光影色调、构图取景、艺术风格等相关内容，帮助用户快速创作出高质量的AI摄影作品。

4.1 AI摄影常用的视觉指令

AI摄影常用的视觉指令是用来调整图像的视觉效果和表现力的。这些指令可以帮助用户更好地掌握画面的曝光、对比度、饱和度、锐化、降噪、焦距、白平衡和景深等元素，从而创作出更加专业、高质量的摄影作品。

4.1.1 AI摄影的8大专业指令解析

使用AI绘画工具创作摄影作品时，用户应熟悉一系列高级指令的运用，包括但不限于摄影主题的选择、物体的详细描述、相机型号、焦距、光圈、照明情况、拍摄角度，以及辅助词的巧妙运用等。通过掌握这些技巧，用户能够轻松地生成具有专业水准的AI摄影作品。

1. 摄影主题

摄影主题涉及AI摄影作品中呈现的主题或对象，广泛而多样，包括自然风光、人物肖像、城市建筑、静物、动物、广告以及艺术等多个领域。不同的摄影主题各具独特之处，能够满足摄影爱好者的多样需求和创作愿望。

以自然风光为例，这是摄影中最为普遍的主题之一，包括山水、海洋、森林、沙漠、天空等自然景观。如图4-1所示，在提示词中添加了ocean（海洋），以确保准确锁定摄影主题。这一步骤有助于更好地捕捉并保留摄影作品所需的特定特征。

Prompt：photo of a man: ocean, morning light, dark olive colors --ar 21:9 --style raw --v 5.1

提示词：男人的照片：海洋，晨光，深橄榄色--ar 21:9 --风格原始--v 5.1

2. 物体描绘

在AI摄影领域，物体描述着重于对摄影作品中主要物体或场景的具体描绘和详细说明。这些物体可以包括多种事物，如自然景观、建筑、动物、人物等。在摄影中，精准选择主体并构图得当是至关重要的，这直接影响照片的艺术效果和表现力。一个引人注目的主体不仅能够吸引观众的视线，还能传达出独特的情感和主题，因此主体的选择和对其进行描述在AI摄影作品的成功中有着至关重要的作用。

图4-1

以一只鸟为例，它就是下方AI照片中的主体对象。因此，在进行绘图时，需要巧妙运用主体描述关键词。如图4-2所示，在提示词中加入了“A beautiful bird”（一只漂亮的小鸟），以确保呈现出预期的效果。这样的主体描述不仅为AI提供了更明确的创作指引，也是确保AI摄影作品成功的不可或缺的因素之一。

Prompt：A beautiful bird, resting on a tree trunk, missing detail in the blink of an eye, 32K UHD

提示词：一只美丽的鸟，在树干上休息，眨眼间就缺少细节，32K 超高清

图4-2

3. 相机

优秀的摄影作品往往是通过专业相机捕捉而得。因此，在创作AI摄影作品时，我们可以引入一些特定的相机型号关键词，如“Canon EOS 5D Mark IV”“Nikon D850”等，以便让AI模拟这些相机的拍摄风格，从而产生更为逼真的照片效果。

相机型号指的是相机的具体型号和规格，每个型号通常具备独特的功能和特性，影响着相机的性能、拍摄质量以及适用范围。不同的相机型号还适用于各种不同的拍摄需求和场景，例如，Nikon D850在拍摄风景方面表现尤为卓越，如图4-3所示。

当利用AI生成风光照片时，添加关键词“Nikon D850”将带来更为写实、精美的画面效果，同时，构图的准确度也会得到提升。这种方法为AI提供了更具体和有针对性的引导，使其更好地模拟出特定相机的特色，从而更好地满足摄影创作者的期望。

图4-3

Prompt：Beautiful landscapes, Nikon D850, high reflectivity, realistic reflections, realistic lighting, glossy, realistic

提示词：美丽的风景，尼康D850，高反射率，逼真的反射，逼真的照明，有光泽，逼真的

4. 焦距

焦距也称为焦长，是指镜头的光学中心到感光元件之间的距离。焦距越小，视角越广；焦距越大，视角越窄。

在AI摄影中，通过运用适当的焦距关键词，我们能够塑造出多样的视觉效果。以35mm镜头（35 mm Lens）为例，这种镜头非常适合创作环境人像照片。由于这一焦段不会过于突显物体，因此我们能够巧妙地运用边缘畸变为画面增色添彩，如图4-4所示。

Prompt：photo of young asian woman smiling through tall grass, in the style of sunny impressionism, light white and lightgreen, 35mmlens, 32K uhd, medium format --ar 3:2

提示词：年轻的亚洲女子在高高的草地上微笑的照片，阳光明媚的印象派风格，浅白色和浅绿色，35mm镜头，32K 超高清，中画幅--ar 3:2

图4-4

5. 光圈

光圈是指相机镜头中的光圈装置，它是由一系列可调控的薄片或叶片组成的，可以控制进入相机的光线量。这个装置的主要作用是调节通过镜头的光线量，影响照片的曝光和景深。

具体而言，光圈的大小通常以f值（光圈值）表示，例如f/1.8、f/4.0等。光圈值越小，光圈孔径越大，相机通过镜头进入的光线就越多，从而照片曝光较高。反之，光圈值越大，光圈孔径越小，进入相机的光线就越少，导致照片曝光较低。

光圈还影响照片的景深，即图像中被认为是清晰的范围。较大的光圈（小f值）产生较浅的景深，使得主体清晰而背景模糊；较小的光圈（大f值）则导致较深的景深，使得前后景都相对清晰。

在AI摄影中，通过巧妙地引入合适的光圈关键词，我们能够呈现出各种不同的景深效果。以大光圈为例（关键词包括f1.4、f2.8、bokeh或large aperture），这种设置能够鲜明地突显主体并创造出柔和迷人的背景效果，如图4-5所示。

图4-5

Prompt：A bee is picking honey on a yellow flower, f/2.8 --ar 4:3

提示词：一只蜜蜂正在一朵黄色的花朵上采蜜，f/2.8 --ar 4:3

6. 打光

在摄影中，打光是指运用灯光或其他光源，以调整照片的亮度和阴影，从而创造出独特的光影效果。这是摄影中至关重要的技巧之一，有助于使被拍摄的物体更为突显，增加画面的层次感和视觉效果。

同样，在进行AI摄影创作时，我们也能够注入一些关键的打光术语，例如硬光（hard light）、软光（soft light）、背景光（background light）等，以使照片呈现更出色的光影效果和质感。在硬光效果照片中，光线直接投射在被拍摄物体上，产生强烈的亮暗对比，形成画面效果更为生动的场景，如图4-6所示。

图4-6

Prompt：City Reflected in Mirror, Blue Sky on Skyline, Nikon D850, 32K UHD, Green & Blue, Hard Light--ar 128:93

提示词：镜子里的城市，天际线上的蓝天，尼康D850，32K 超高清，绿色和蓝色，硬光--ar 128:93

7. 角度

角度在摄影中指的是在拍摄照片时所选择的相机视角和拍摄位置。不同的拍摄角度可以为主体对象带来各种不同的视觉效果和表现形式。常见的拍摄角度包括高角度（eye-level/high/bird’s-eye）、低角度（eye-level/low）和平视角度（headup angle）。例如，低视角能够使主体在画面中显得更为庞大、引人注目。这种角度让拍摄对象从视觉上凸显，使其在画面中更加突出，如图4-7所示。

Prompt：Low-angle view, badminton match, perfect viewing angle, wide-angle lens, ISO 400 color film noise

提示词：低角度视角，羽毛球比赛，完美视角，广角镜头，ISO 400彩色胶片噪点

8. 辅助词

辅助词的关键作用在于提升AI摄影作品的品质。它有助于AI更全面地理解用户的需求，从而生成更符合用户期望的照片。例如，常用的AI摄影关键词之一是“32K UHD”（32K超高清分辨率），它能显著提高画面的清晰度，如图4-8所示。

Prompt：An African Ghetto Girl, 32 UHD, Ultra Realistic Picture Quality, Realistic

提示词：一个非洲贫民窟的女孩，32K 超高清，超逼真画质，现实

图4-7

图4-8

4.1.2 提升作品效果的关键词

用户可以通过添加关键词，让AI生成符合自己期望的摄影作品，同时也可以提高AI模型的准确率和绘图的质量。本节主要介绍哪些关键词能够帮助大家提升AI摄影的出片效果。

1. 获奖的摄影作品

通过在提示词中加入关键词“award-winning photography”，可以让生成的照片具有高度的艺术性、技术性和视觉冲击力，AI生成的效果图如图4-9所示。

Prompt：A little boy facing the camera in the ruins, award-winning photography

提示词：一个小男孩在废墟中面对镜头，获奖摄影

图4-9

2. 高度逼真的皮肤纹理

通过在提示词中加入关键词“highly realistic skin texture”，能够表现出人物皮肤上的微小细节和纹理，从而使肌肤看起来更加真实和自然，AI生成的效果图如图4-10所示。

Prompt：An Asian girl facing the camera with highly realistic skin texture

提示词：一个亚洲女孩面对镜头，皮肤纹理高度逼真

图4-10

3. 电影级别的作品

通过添加关键词cinematic能够让照片呈现出电影质感，即采用类似电影的拍摄手法和后期处理方式，使画面具有沉稳、柔和、低饱和度等特点，如图4-11所示。

Prompt：Man looking angrily, long hair and long beard, full face, movie

提示词：男人愤怒地看着，长发和长胡子，全脸，电影

图4-11

4. 超级详细

通过添加关键词“super detailed”能够使生成的照片清晰地呈现出物体的细节和纹理，例如毛发、羽毛、细微的表情等，AI生成的效果图如图4-12所示。

Prompt：A red-bellied golden pheasant, super detailed

提示词：一只红腹金鸡，超细致

图4-12

5. 自然/真实/个性化

自然/真实/个性化（natural/authentic/personal）关键词通常用来描述照片的拍摄风格或表现方式，常用于生成肖像、婚纱、旅行等类型的AI摄影作品，能够更好地传递照片所想要表达的情感和主题。

使用关键词natural生成的照片能够表现出自然、真实、没有加工和做作的视觉效果，通常采用较为柔和的光线和简单的构图来呈现主体的自然状态，AI生成的效果图如图4-13所示。

Prompt：Photo of young woman ,natural

提示词：年轻女子的照片，自然

图4-13

关键词autentic的含义与natural较为相似，但它更强调表现出照片真实、原汁原味的品质，并能让人感受到照片所代表的意境，AI生成的效果图如图4-14所示。

Prompt：A train in the jungle, authentic

提示词：丛林中的火车，真实

图4-14

关键词personal的意思是富有个性和独特性，能够体现出照片独特的拍摄视角，同时通过抓住细节和表现方式等方面，展现出作者的个性和文化素养。

6. 高分辨率

高分辨率（high resolution）关键词可以为AI摄影作品带来更高的锐度、清晰度和精细度，使用它可以生成更为真实、生动和逼真的画面效果，AI生成的效果图如图4-15所示。

图4-15

Prompt：A sports car speeds on a gravel dirt road at noon, high resolution

提示词：中午时分，一辆跑车在碎石土路上飞驰，高分辨率

7. 超清晰/超高清画面

超清晰/超高清画面（super clarity/Ultra HD picture）关键词能够为AI摄影作品带来更加清晰、真实、自然的视觉效果。

在关键词“super clarity”中，super表示超级或极致，clarity则代表清晰度或细节表现能力。super clarity可以让照片呈现出非常锐利、清晰和精细的效果，展现出更多的细节和纹理，例如肌肉、皮毛和羽毛等，AI生成的效果图如图4-16所示。

图4-16

Prompt：A sturdy man facing the camera, super clarity

提示词：一个结实的男人面对镜头，超清晰

在关键词Ultra HD Picture中，Ultra代表超高，HD则表示高清晰度或高细节表现能力。Ultra HD Picture可以使画面变得更加细腻，并且层次感更强，同时因为模拟的是高分辨率的效果，所以画质也会显得更加清晰、自然，AI生成的效果图如图4-17所示。

图4-17

Prompt：a highway with a snow covered mountain in the background,in the style of dark brown and light azure,tabletop photography,Ultra HD Picture --ar 16:9

提示词：以白雪皑皑的山为背景的高速公路，深褐色和浅天蓝色的风格，桌面摄影，超高清画面 --ar 16:9

4.1.3 增强渲染品质的关键词

摄影中的渲染品质通常指的是照片所呈现的画面质感和色彩效果，包括色彩还原度、对比度、饱和度、细节表现、光影效果、整体氛围等。渲染品质的好坏直接影响观众对照片的感受，一张有着良好渲染品质的照片通常更能够引起观众的共鸣，传达摄影师想要表达的信息。

1. 摄影感

摄影感（photography）在AI摄影中扮演着至关重要的角色。它通过捕捉静态或动态的物体，以及自然风景等元素，并运用合适的光圈、快门速度、感光度等相机参数，从而有效掌控AI生成图像的效果。这些参数的调整涉及亮度、清晰度以及景深等方面，从而塑造出更为精细和富有艺术感的照片，AI生成的效果图如图4-18所示。

Prompt：human male, photography

提示词：人类男性，摄影感

图4-18

2. C4D渲染器

C4D渲染器（C4D Renderer）指的是Cinema4D软件的渲染引擎，它是一种拥有多种渲染选项的三维图形制作软件，包括物理渲染、标准渲染以及快速渲染等方式。在AI摄影中使用关键词“C4D Renderer”可以创建出非常逼真的三维模型、纹理和场景，并对其进行定向光照、阴影、反射等效果的处理，从而打造出各种令人震撼的视觉效果，AI生成的效果图如图4-19所示。

Prompt：female in front of a wall with cherry trees in the spring. in the style of northem and southern dynasties, cute and dreamy, C4D Renderer--ar16:9

提示词：春天有樱花树的墙前的女性，北朝和南朝的风格，可爱而梦幻，C4D渲染器--ar16:9

图4-19

3. 虚幻引擎

虚幻引擎（unreal engine）是由Epic Games团队开发的，它能够创建高品质的三维图像和交互体验，并为游戏、影视和建筑等领域提供强大的实时渲染解决方案。在AI摄影中，使用关键词“unreal engine”可以在虚拟环境中创建各种场景和角色，从而实现高度还原真实世界的画面效果，AI生成的效果图如图4-20所示。

图4-20

Prompt：austrian alp house with flowers in the alps infront of the house are cows unreal engine realistic and the mountians in the background, unreal engine

提示词：奥地利阿尔卑斯山的房子，在房子前面的阿尔卑斯山上有鲜花，是奶牛虚幻引擎逼真和背景中的山地人，虚幻引擎

4. 模拟UE渲染场景

模拟UE渲染场景（unreal engine 5）是一个能够使虚拟场景和角色在细节表现、模型显示效果等方面更加精细的关键技术。通过它，生成的照片能够呈现出更为真实的视觉感受，使观众沉浸于更为逼真的虚拟环境中。unreal engine 5作为虚幻引擎的最新版本，融合了多项先进的图形技术，包括全局照明、实时阴影、反射等，以前所未有的速度和质量为游戏模拟创造出高度逼真、真实、鲜活的三维（Three-Dimensional，3D）人物角色，AI生成的效果图如图4-21所示。

Prompt：derelict sunken city, photo realistic, cinematic, dark atmospheric lighting, 12K, UHD, unreal engine 5

提示词：废弃的沉没城市，照片逼真，电影，黑暗的大气照明，12K，超高清，虚幻引擎5

图4-21

5. 光线追踪

光线追踪（Ray Tracing）是一项关键技术，主要用于实现高质量的图像渲染和光影效果，旨在使AI摄影作品的场景更为逼真、材质细节表现更为出色，从而令画面更加优美、自然。Ray Tracing作为一种基于计算机图形学的渲染引擎，其独特之处在于能够在渲染场景的过程中更加准确地模拟光线与物体之间的相互作用，从而创造出更为逼真的影像效果，AI生成的效果图如图4-22所示。

Prompt：Suburban Street, Tropical, Upscale,150mm Lens, 64K UHD, Realistic, HDR, FStop 1.8, High Octane Rendering, Unreal Engine 5, Cinematic ,High Detail, Ray Tracing

提示词：郊区街道，热带，高档，150mm镜头，64K 超高清，逼真，HDR，FStop 1.8，高辛烷值渲染，虚幻引擎5，电影效果，高细节，光线追踪

图4-22

6. V-Ray渲染器

V-Ray渲染器（V-Ray Renderer）是一种高保真的3D渲染器，在光照、材质、阴影等方面都能达到非常逼真的效果，可以渲染出高品质的图像和动画，AI生成的效果图如图4-23所示。

图4-23

Prompt：Chinese girl with white costume in gardon,inthe style of light pink and dark gray, ethereal, dreamlike quality, tang dynasty, pure color, 8K, V-Ray Renderer

提示词：中国女孩穿着白色服装，浅粉色和深灰色，空灵，梦幻般的品质，唐朝，纯色，8K，V-Ray渲染器

4.2 AI摄影的光影色调

摄影中的光影色调是通过合理运用光线、阴影和色彩，以及后期调色处理来营造照片的整体氛围和情感效果的一种手段。光影和色调是影响照片质感和观感的重要因素，对照片的表现力和艺术性有着深远的影响。

4.2.1 常用的光线类型

在摄影中，光线是至关重要的元素，对照片的质感、明暗、色彩等方面都产生深远的影响，包括创造阴影、营造氛围、突出细节、影响色彩等。在AI摄影中，合理地加入一些光线关键词，可以创造出不同的画面效果和氛围感。

1. 自然光

自然光（natural light）指的是来自太阳或月亮的光线。自然光可以分为不同的光照条件，如清晨的柔和光、白天的直射光、黄昏的暖光等，每种都会为照片带来不同的氛围和色彩，如图4-24所示。

Prompt：A Chinese girl, outdoor, 8K, natural light

提示词：一个中国女孩，户外，8K，自然光

图4-24

2. 背光

背光（Back Light）的光线来自被摄体的背后，这样可以创造出一种轮廓效果，使被摄体在光影中更为突出。背光常用于拍摄轮廓、剪影或突出光影效果的照片，AI生成的效果图如图4-25所示。

Prompt：woman holding up hand at sunset, inthe style of iban art, seaside scenes, back light, 32K uhd, documentary travel photography, light amber and black --ar 4:3

提示词：日落时举起手的女人，伊班艺术风格，海边场景，背光，32K超高清，纪实旅行摄影，浅琥珀色和黑色--ar 4:3

图4-25

3. 侧光

侧光（side light）的光线来自被摄体的一侧，这样会在被摄体的表面产生阴影，强调表面的纹理和细节。侧光常用于强调立体感和创造戏剧性效果，AI生成的效果图如图4-26所示。

Prompt：A girl next to the window in the room, the light outside the window shines on her face, side light --ar 16:9

提示词：房间里一个女孩在窗边，窗外的光照在她的脸上，侧光--ar 16:9

图4-26

4. . 顶光

顶光（top light）的光线从被摄体的上方照射下来，可以创造出阴影效果，强调被摄体的形状。顶光常用于强调物体的表面纹理和形状，AI生成的效果图如图4-27所示。

图4-27

Prompt：targe piece of broccoli and pineapple slices, in the style of neogeo, amber, soft and rounded forms, traditional chinese, top light --ar 16:9

提示词：西兰花和菠萝片的鞑靼片，采用新地理，琥珀色，柔软圆润的形式，繁体中文，顶光--ar 16:9

5. 柔光

柔光（soft light）指光线经过某种方式的散射或折射，产生柔和而均匀的光影效果。柔光通常能够减少阴影的硬度，使照片看起来更为自然和柔和，AI生成的效果图如图4-28所示。

Prompt：a large bathroom with separate bathtub and shower, large windows, candles, plants, cozy, witchy, soft light, soft colors, bright, big room, chessboard floor--ar 16:9

提示词：带独立浴缸和淋浴的大浴室，大窗户，蜡烛，植物，舒适，巫婆，柔和的光线，柔和的色彩，明亮，大房间，棋盘地板--ar 16:9

图4-28

6. 强光

强光（hard light）指光线直接照射在被摄体上，产生强烈而明显的阴影。硬光常用于强调物体的边缘和细节，创造出更为鲜明的效果，AI生成的效果图如图4-29所示。

Prompt：In a European-style room, graffiti on the walls, splashes of color, at dawn, hard light, high contrast, rich colors

提示词：在欧式风格的房间里，墙上的涂鸦，色彩的飞溅，黎明时分，强光，高对比度，丰富的色彩

图4-29

4.2.2 常用的光线用法

在AI摄影中，光线扮演着至关重要的角色。它不仅有助于用户创造出自然而生动的氛围感和引人注目的光影效果，突显照片的主题，同时也能够巧妙地掩盖潜在的缺陷。因此，我们需要熟练掌握各种特殊光线关键词的运用，以有效地提升AI摄影作品的质量和艺术价值。

1. 明亮的灯光

明亮的灯光（bright light）是指高挂（即将灯光挂在较高的位置）、高照度的顶部主光源，使用该关键词能够营造出强烈、明亮的光线效果，可以产生硬朗直接的下落式阴影，AI生成的效果图如图4-30所示。

Prompt：A waist-length portrait of a standing man in his thirties, a masterpiece, against a backdrop of urban ruins, breathtaking, ultra-detailed, 8K, stunning surroundings, bright light, full body--ar 9:16

提示词：一个三十多岁站立的男人的腰长肖像，一幅杰作，以城市废墟为背景，令人叹为观止，超细节，8K，令人惊叹的环境，明亮的光线，全身--ar 9:16

图4-30

2. 晨光

晨光（morning light）即早晨日出时的光线，表现出柔和、温暖且光影丰富的特质，为画面带来独特而美妙的效果。

在AI摄影中，“morning light”关键词常常被用于生成人像、风景等不同类型的照片。使用其能够创造出柔和的阴影和丰富的色彩变化，避免了过于刚硬的阴影，同时不会令人感到光线过于强烈和刺眼。

“morning light”赋予主体对象更自然、清晰且具有层次感的外观，有助于更准确地表达照片的情感和氛围。这种光线的运用使得照片呈现出更为富有韵律和温暖的氛围，为整体画面增色不少，AI生成的效果图如图4-31所示。

Prompt：Daisy in the dark green grass, in the style of fairycore, serene and peacceful ambiance, natural scenery, green and blue, morning light --ar 3:2

提示词：雏菊在深绿色的草地上，仙女般的风格，宁静而婉转的氛围，自然风光，绿色和蓝色，晨光--ar 3:2

图4-31

3. 人工光

人工光（artificial light）指摄影师使用的人工光源，包括室内灯光、闪光灯等。人工光能够由摄影师控制，创造出特定的照明效果，常用于室内拍摄或夜间摄影，AI生成的效果图如图4-32所示。

图4-32

Prompt：A model taking a photo in a studio, green background board, half-length, artificial light, close-up, elebrity image mashups, minimalist--ar 2:3

提示词：模特在工作室拍照，绿色背景板，半身，人造光，特写，电子图像混搭，极简主义--ar 2:3

4. 电影光

电影光（cinematic light）是指在摄影和电影制作中所使用的类似于电影画面风格的灯光效果，通常采用一些特殊的照明技术。

在AI摄影中，使用关键词“Cinematic light”可以让照片呈现出更加浓郁的电影感和意境感，使照片中的光线及其明暗关系更加突出，营造出的各种画面效果，给人神秘、有魅力等视觉感受，AI生成的效果图如图4-33所示。

图4-33

Prompt：traditional chinese lanterns in the street at night, in the style of nikon d850, cinematic light --ar 16:9

提示词：晚上在街上的传统中国灯笼，尼康D850的风格，电影光--ar 16:9

5. 动画光

动画光（Animation lighting）是指在动画制作中采用的一种照明技术。通过对灯光的种类、数量、位置以及颜色进行调整和定位，动画光能够创造出精致而有高度表现力的光影效果。在AI摄影领域，使用关键词“Animation lighting”可以实现多种不同的视觉效果，包括层次分明的渲染、精致的阴影以及强烈的立体感，AI生成的效果图如图4-34所示。

Prompt：arches in national park, utah, usa sunset, in the style of dark magenta and sky-blue, 8K resolution, classical landscapes, light orange and white, Animation lighting, sculptor, fantasticl landscaper--ar 16:9

提示词：美国犹他州国家公园的日落，深洋红色和天蓝色的风格，8K分辨率，古典风景，浅橙色和白色，动画照明，雕塑家，梦幻般的园艺师--ar 16:9

图4-34

6. 赛博朋克光

赛博朋克光（Cyberpunk Light）是一种特定的光线类型，通常在电影画面摄影作品和艺术作品中应用，以呈现鲜明的未来主义和科幻元素。关键词Cyberpunk Light的使用能够创造出高对比度的画面、引人注目的鲜艳颜色以及各种各样的几何形状，同时包含充满动感的流动荧光元素，以突显其独特风格。

在AI摄影领域，灵活运用Cyberpunk Light这一关键词，可以为所绘制的场景注入怀旧古典或未来感的元素，从而增强照片的视觉冲击力和表现力。这样的处理方式使照片更具时代感和独特的艺术氛围，AI生成的效果图如图4-35所示。

图4-35

Prompt：neon cityscape at bight in shanghai, china, inthe style of light teal and dark sky-blue, Cyberpunk light--ar 16:9

提示词：霓虹灯城市景观在上海，中国，浅蓝绿色和深天蓝色的风格，赛博朋克光--ar 16:9

4.2.3 常用的摄影色调

色调是指照片整体呈现的颜色效果或基调。它是通过对照片中的颜色进行整体调整而产生的，影响观者对照片的感知和情感体验。色调包括照片的整体色彩氛围，而不是单纯指某个颜色的强度或饱和度。

在AI摄影中，可以运用色调关键词改变照片表现出来的情绪和气氛，增强照片的表现力和感染力。因此，用户可以通过运用不同的色调关键词来加强或抑制不同颜色的饱和度，以便更好地传达照片的主题思想和主体特征。

1. 经典黑白色调

经典黑白色调（classic black and white tones）的照片通常具有简洁、纯粹的美感，强调光影和构图。在AI摄影中常用于突出光影和构图，强调形式和纹理，营造简洁、纯粹的美感，AI生成的效果图如图4-36所示。

Prompt：In a dark and rough alley, a beautiful and melancholy female detective, with a long trench coat, a fedora, and a pair of smudged glasses. Expression mixed with determination and sadness, classic black and white tones, intricate accurate details, movie color rating, movie, 8K

提示词：在黑暗粗犷的小巷里，一个美丽而忧郁的女侦探，穿着长风衣，戴着软呢帽，戴着一副脏兮兮的眼镜。混合了决心和悲伤的表情，经典的黑白色调，复杂而准确的细节，电影色彩等级，电影，8K

图4-36

2. 复古色调

复古色调（vintage tone）可以给照片带来复古、怀旧的感觉，常使用褐色和深蓝色，模仿老式照片的效果，AI生成的效果图如图4-37所示。

图4-37

Prompt：Tattered old book cover illustration “House Full of Cats” novel, Vintage art style, vintage tone, detailed textures, Antique Appearance, intricate patterns, faded colors, weathered pages, Soft natural Lighting, High quality, vintage, tan, intricate details, Antique, weathered, Faded, Soft lighting, Detailed Textures, Vintage, nostalgic, vintage, Vintage, Vintage book covers, 19th century atmosphere, aging appearance, classic art style--ar2:3

提示词：破烂的旧书封面插图“满是猫的房子”小说，复古艺术风格，复古色调，细致的纹理，古董外观，复杂的图案，褪色的颜色，风化的页面，柔和的自然照明，高品质，复古，棕褐色，错综复杂的细节，古董，风化，褪色，柔和的灯光，精细的纹理，复古，怀旧，复古，复古书籍封面，19世纪的氛围，老化的外观，经典的艺术风格--ar2:3

3. 冷色调

冷色调（cool tones）是指蓝色和绿色的冷调，传达清新、冷静、神秘的氛围。在AI摄影中，冷色调可以影响照片中的视觉效果，使得画面看起来更远、更清晰。在使用AI生成人像照片时，添加关键词cold tones可以赋予人物青春活力和时尚感，AI生成效果图如图4-38所示。

图4-38

Prompt：girl with hat side views sitting by sea, in the style of light sky-blue, pure color, sky-blue, feminine body, Cold tones, 32K uhd --ar 45:26

提示词：戴着帽子的女孩坐在海边，浅天蓝色，纯色，天蓝色，女性化的身体，冷色调，32K 超高清 --ar 45:26

4. 暖色调

暖色调（warm tones）是指橙色和红色的暖调，营造温暖、舒适、活泼的感觉。在AI摄影中，使用关键词warm tones可以突出主题对象的色彩和质感。例如，在用AI生成美食照片时，添加关键词warm tones可以让食物变得更加诱人，AI生成的效果图如图4-39所示。

图4-39

Prompt：A bowl of mapo tofu is placed on the table, yellow and red, warm tones--ar 16:9

提示词：桌上摆着一碗麻婆豆腐，黄红相间，暖色调--ar 16:9

5. 柔和色调

柔和色调（Soft Tones）能够增强画面中的红色和粉色，以营造柔美、浪漫、甜蜜、可爱和热情的氛围。在AI生成图像时，添加关键词Soft Tones能够让画面产生一种轻松、愉快的感觉，可以更好地表现那些柔美的元素和情感，例如婚礼照片、小清新风格的照片、少女时期的回忆照片等，AI生成的效果图如图4-40所示。

Prompt：purple flowers with light flowing through them, Soft Pink, in the style of soft and dreamy pastels, lens flares, pastoral charm, konica big mini, light sky-blue and light green, poetic fragility --ar16:9

提示词：紫色的花朵，光线流淌，柔和的粉色，柔和梦幻的粉彩风格，镜头光晕，田园韵味，柯尼卡大迷你，浅天蓝色和浅绿色，诗意的脆弱--ar16:9

图4-40

6. 自然绿色调

自然绿色调（natural green）具备柔和而温馨的特质。在AI摄影中运用这一关键词，能够营造出浓厚的自然氛围，勾勒出青草、森林或童年的生动画面。常见于生成自然风光或环境人像等AI摄影作品中，AI生成的效果图如图4-41所示。

图4-41

Prompt：a young girl is relaxing in an under the garden, Natural Green, in the style of light green and indigo, ethereal trees, sunrays shine upon it, serene pastoral scenes --ar 16:9

提示词：一个年轻的女孩在花园下放松，自然的绿色，浅绿色和靛蓝色的风格，空灵的树木，阳光照耀着它，宁静的田园风光--ar 16:9

7. 柠檬黄色调

柠檬黄色调（lemon yellow）是一种明亮而鲜艳的色彩，常被运用于创造轻松、阳光和富有活力的氛围。在生成夏日风景、儿童、户外运动等AI摄影作品时，这一调色方式表现得尤为出色。

lemon yellow能够带来令人愉悦的感觉，使画面轻松、明亮且充满活力。它常被运用于呈现那些充满幸福、欢乐和清新感的场景，例如春天盛开的花朵、夏季的沙滩，以及青春时期的校园生活等，AI生成的效果图如图4-42所示。

Prompt：tow school girls stand in the shadow on a school lawn, Lemon Yellow, in the style of 32K UHD, japanese inspiration, princesscore, sparse and simple, high-angle --ar 3:4

提示词：两个女生站在学校草坪的阴影下，柠檬黄，32K 超高清的风格，日本灵感，公主心，稀疏简约，高角度--3:44

8. 莫兰迪色调

莫兰迪色调（Muted Colors）是一种以柔和、淡雅为特点的调色风格。这个色调以意大利设计师弗朗西斯科・莫兰迪（Francesco Morandini）的名字命名，他在18世纪中期提出了这种调色法。

莫兰迪色调通常采用较低的饱和度和明度，使颜色呈现出柔和、淡雅、沉稳的感觉。这种调色方式强调自然、温和的色彩，突显出色彩的柔和层次而不失典雅。典型的莫兰迪色包括柔和的粉红、淡淡的紫、褐色和灰色等。

莫兰迪色调常常被运用于设计、时尚、摄影等领域，它强调了一种安静、高雅的美感，与过于鲜艳和对比强烈的色彩形成鲜明对比。这种调色风格适用于营造温馨、舒适、时尚的氛围，常见于一些复古、怀旧风格的设计中，AI生成的效果图如图4-43所示。

图4-42

图4-43

Prompt：a canal passes by buildings and a tree, in the style of chinese cultural themes, Muted Tones, Gray color with low saturation, vernacular architecture, rustic, rustic charm, intricate ceiling designs --ar 3:4

提示词：一条运河穿过建筑物和一棵树，以中国文化主题的风格，柔和的色调，低饱和度的灰色，乡土建筑，质朴，质朴的魅力，复杂的天花板设计-- ar3:4

4.3　AI摄影的构图取景

构图是摄影创作中不可或缺的元素，它通过精心安排的视觉元素，提升照片的感染力和视觉吸引力。在AI摄影中巧妙运用构图关键词同样有助于强化画面的视觉效果，传递出独特的观感和深刻的意义。

4.3.1　4种构图的控制方式

在AI摄影中，构图视角是指镜头位置和主体的拍摄角度，通过合适的视角控制，可以增强画面的吸引力和表现力，为照片带来最佳的观赏效果。

1. 正视图

在摄影中，正视图（front view）是指摄影师以垂直的角度直接面对被拍摄对象并拍摄的视角。这种角度通常使被拍摄对象的正面朝向观察者，创造出一种直接而正式的效果。

正视图可以捕捉被拍摄对象的真实外观，呈现出一种直观、真实的感觉。这种视角常常用于肖像摄影，因为它能够直接展示被摄者的面部特征和表情，AI生成的效果图如图4-44所示。

正视图也常用于拍摄建筑、雕塑等垂直结构物体，以突出其垂直线条和整体形状。这种角度有助于观众更全面地了解被拍摄对象，使画面更加直接、简洁。

Prompt：asian girl in a white shirt looking at leavers while sitting on a garden step, 4K, UHD, HDR, f/1.8, front view

提示词：穿着白衬衫的亚洲女孩坐在花园台阶上看着树叶，4K，超高清，HDR，f/1.8，正视图

图4-44

2. 后视图

在摄影中，后视图（back view）是指摄影师站在被拍摄对象的背后，拍摄其背面或背景的视角。这种视角使观察者能够看到被拍摄对象的背部、轮廓或者与周围环境的关系，而非正面或侧面。

在AI摄影中，后视图常常用于创造一种神秘感、引发好奇心或者突出被拍摄对象的形状、轮廓。它可以强调对象的线条、曲线或者背面的细节，提供一种不同于其他视角的独特观感，AI生成的效果图如图4-45所示。

图4-45

Prompt：A beautiful girl standing by the lake, rear view, soft long hair, symmetrical, wearing a red skirt, side lighting, evening, the moon--ar 3:2

提示词：一个美丽的女孩站在湖边，后景，柔软的长发，对称，穿着一件红色的裙子，侧面照明，傍晚，月亮--ar 3:2

3. 左视图

在摄影中，左视图（left side view）指的是摄影师站在被拍摄对象的左侧，从左侧的角度来拍摄被摄主体。这种视角呈现出被拍摄对象的左侧，通常强调对象的左侧特征、形状和轮廓。

在AI摄影中，添加关键词“left side view”可以用于突出被拍摄对象的特定左侧面，强调其轮廓线条、曲线或者左侧的细节。这种角度也可以在肖像摄影中使用，以强调被拍摄者的左侧面容特征，如眼睛、鼻子和嘴巴的线条，AI生成的效果图如图4-46所示。

Prompt：An Asian girl, summer makeup beauty, wearing jewelry, dress, white dress with black decorative fractals, left side view, dynamic pose, beachside background--ar 3:2

提示词：亚洲女孩，夏季化妆美女，佩戴首饰，连衣裙，白色连衣裙配黑色装饰分形，左视图，动态姿势，海滨背景--ar3:2

图4-46

4. 右视图

在摄影中，右视图（right dide view）指的是摄影师站在被拍摄对象的右侧，从右侧的角度来拍摄被摄主体。这种视角呈现出被拍摄对象的右侧，通常强调对象的右侧特征、形状和轮廓。

在AI摄影中，添加关键词“right side view”可以用于突出被拍摄对象的特定右侧面，强调其轮廓线条、曲线或者右侧的细节。这种角度也可以在肖像摄影中使用，以强调被拍摄者的右侧面容特征，如眼睛、鼻子和嘴巴的线条，AI生成的效果图如图4-47所示。

图4-47

Prompt：a girl with long hair standing in the park, Right side view, in the style of light maroon and white, hallyu, 32K uhd, emdtive body language, blink-and-you-miss-it detail, warmcore--ar 3:2

提示词：一个长发女孩站在公园里，右面，浅栗色和白色的风格，韩流，32K 超高清，肢体语言，眨眼就错过的细节，暖心--ar 3:2

4.3.2 5种镜头景别的控制方式

摄影中的镜头景别通常指主体对象与镜头的距离，其效果在于描绘主体在画面中的大小，如远景、近景、中景、全景、特写等。

在AI摄影中，巧妙地运用镜头景别关键词能够创造出更为出色的画面效果，并在一定程度上突显主体对象的特征和情感，以精准呈现用户欲表达的主题和意境。

1. 远景

在摄影中，远景（wide angle）是指摄影师以较远的距离拍摄被摄对象，通常着重于捕捉较远处的景物、环境或者景观。远景的目的是展示整体场景，提供更广阔的视野，强调被拍摄对象与其周围环境的关系。

远景常用于风景摄影，城市景观拍摄以及需要突出环境背景的情境。通过远景，摄影师可以将被拍摄对象置于更大的上下文中，呈现出广袤的自然风光或城市风貌。这种视角可以让观众感受到开阔、宏伟的氛围，强调被拍摄对象在整体场景中的位置和重要性，AI生成的效果图如图4-48所示。

图4-48

Prompt：A tram, running on a lake, water, reflection, breathtaking clouds, power line, top lighting, vibrant color palette, digital art, Wide angle , low angle shot--ar 16:9

提示词：有轨电车，在湖面上行驶，水，倒影，令人惊叹的云，电线，顶级照明，鲜艳的调色板，数字艺术，远景，低角度拍摄--ar 16:9

2. 近景

在摄影中，近景（medium close up）是指将人物主体的头部和肩部（通常为胸部以上）完整地展现于画面中的景别。近景的目的是突出被拍摄对象的面部特征，创造出更为亲近、生动的画面效果，AI生成效果图如图4-49所示。

近景常用于人物肖像、微距摄影以及强调物体细节的情境。通过近景，摄影师可以展示主体的细微表情、纹理或者其他令人注目的细节。这种视角使观众更加接近被拍摄对象，能够更清晰地感受到主体的质感和情感。

图4-49

Prompt：asian girl leaning firward toward the wall, Medium close up, in the style of dark red and light gray, social media portraiture, simple and elegant style--ar 3:2

提示词：亚洲女孩身体前倾，近景，暗红浅灰风格，社交媒体写真，简约优雅的风格--ar3:2

3. 中景

中景（medium shot）是指将人物主体的上半身（通常为膝盖以上）展现在画面中的一种景别，通过此视角可以展示一定程度的背景环境，同时突显主体，AI生成的效果图如图4-50所示。

在AI摄影中，使用“medium shot”的关键词可以使被摄主体充满画面，使观众更容易与主体建立情感联系。同时，这也有助于创造出更为真实、自然且富有文艺氛围的画面效果，为照片注入更多生动感。

Prompt：Richard Madden in surreal 4D, Unreal Engine, midshot, a highly detailed DND warrior wearing intricate armor, 32K UHD --ar 2:3

提示词：理查德·马登在超现实的4D，虚幻引擎，中景，一个非常详细的DND战士穿着复杂的盔甲，32K 超高清--ar2:3

图4-50

4. 全景

全景（full shot）指的是将整个主体对象完整地呈现于画面中的一种景别。通过此视角，观众可以更全面地了解主体的形态和特点，深入感受主体的气质和风貌。

在AI摄影中，使用“full shot”关键词可以更生动地展现被摄主体的自然状态、姿态和大小，将其完整地呈现。同时，“full shot”还可作为补充元素，用以烘托和强化主题，更生动、具体地捕捉主体对象的情感和心理变化，AI生成的效果图如图4-51所示。

图4-51

Prompt：A pretty Asian girl walking by the river, holding an umbrella, Full shot, looking straight ahead--ar 160:89

提示词：一个漂亮的亚洲女孩走在河边，拿着一把伞，全景，直视前方--ar 160:89

5. 特写

在摄影中，特写（close up）是指摄影师将摄影镜头对准被摄对象的一个局部，通常是面部、物体的一部分或者其他细小的细节，以突显和强调局部的细节。特写的目的是将观众的注意力集中在被拍摄对象的某个特定部分，强调这部分的细腻、纹理或情感。

特写常用于人物肖像，用以捕捉面部表情、眼神或嘴巴的微笑等，以及细小的物体，如花朵、昆虫等。通过特写，摄影师可以传达更为亲密和具体的情感，创造出更具有观赏性和表现力的画面，AI生成的效果图如图4-52所示。

图4-52

Prompt：Portrait of a woman, 40mm lens, shallow depth of field, close-up, f/2.8, studio lighting

提示词：一个女人的肖像，40mm镜头，浅景深，特写，f/2.8，工作室照明

4.3.3　常用的构图方式

摄影中的构图指的是摄影师在拍摄过程中有意识地安排和组织图像元素，以达到视觉上的和谐、平衡和吸引力。构图是一种艺术性的表达手段，通过摄影师选择拍摄角度、布置主体和背景、调整光线等方式，创造出符合视觉审美的画面。

构图的目的是引导观众的视线，突出主体，传达摄影师想要表达的主题和情感。良好的构图可以使照片更有深度、层次和吸引力，提升观赏者的观感体验。

1. 三分法构图

三分法构图（rule of thirds）是一种常见的构图方式，通过将画面九等分，然后将主体或关键元素放置在这些分割线的交点或线上，以达到画面的平衡和美感。这个构图原则有助于引导观众的视线，使画面更具吸引力和和谐感，AI生成的效果图如图4-53所示。

Prompt：some beautiful lights as the sun is setting ocer a city, Rule of thirds, in the style of light orange and dark azure, webcam photography, light magenta and green, high quality photo --ar 16:9

图4-53

提示词：当太阳落在城市上空时，一些美丽的灯光，三分法，浅橙色和深蓝的风格，网络摄像头摄影，浅品红和绿色，高质量的照片--ar 16:9

2. 对称构图

对称构图（symmetry）是一种通过在画面中使用对称元素来创造平衡感和稳定感的构图方式。在对称构图中，画面左右或上下的元素以镜像或相似的方式排列，形成一种对称关系。这样的构图方式有助于创造出整齐、有序和宁静的画面效果，AI生成的效果图如图4-54所示。

图4-54

Prompt：Medieval church interior, symmetrical, European style--ar 2:3

提示词：中世纪教堂内饰，对称，欧式风格--ar2:3

3. 前景构图

前景构图（foreground）是指通过前景元素来强化主体的视觉效果，以产生具有视觉冲击力和艺术感画面效果的构图方式，AI生成的效果图如图4-55所示。前景通常是指相对靠近镜头的物体，背景（background）则是指位于主体后方且远离镜头的物体或环境。

Prompt：a girl with a hat surrounded by tall grass, in the style of sandara tang, Foreground, soft and dreamy atmosphere, green, i can’t believe how beautiful this is --ar 16:9

提示词：一个戴着帽子的女孩被高大的草包围着，在檀檀的风格中，前景，柔和而梦幻的气氛，绿色，我无法相信这是多么美丽--ar16:9

在AI摄影中，使用关键词foreground可以丰富画面色彩和层次，并能够增加照片的丰富度，让画面变得更为生动、有趣。在某些情况下，foreground还可以用来引导视线，更好地吸引观众的目光。

图4-55

4. 中心构图

中心构图（center the composition）是一种将主体或关键元素置于画面中央的构图方式。在中心构图中，主体通常被放置在画面的中央位置，使其成为观众视线的焦点。这种构图方式简单直观，使主体在画面中独立突出，AI生成的效果图如图4-56所示。

Prompt：clover, pink clover, cypress’bud, phlox flower, clover, cypress, Center the composotion, in the style of light teal and light orange, fine and detailed, soft-focus technique, highly detailed --ar 4:3

提示词：三叶草，粉红三叶草，柏树花蕾，夹竹桃花，三叶草，柏树，构图中心，以浅蓝绿色和浅橙色的风格，细腻细致，软焦点技术，高度细致 --ar 4:3

图4-56

5. 微距构图

微距构图（macro shot）是一种摄影或绘画中的构图方式，专注于捕捉极小的主体或细节，通常涉及拍摄或描绘非常小的物体，以展现它们微小而细致的特征。微距摄影和绘画通常旨在让观众以全新的视角欣赏平常事物中的微小元素，AI生成的效果图如图4-57所示。

图4-57

Prompt：a small drop of water on pink flows, Macro shot, canon 7, soft, romantic scenes. shiny/glossy, magenta and green, flick-- ar4:3

提示词：花瓣上的小水滴，微距拍摄，佳能7，柔和，浪漫的场景。闪亮/光泽，品红色和绿色，轻弹-- ar4:3

第5章 当AI学会修图

修图是一项需要高度技巧和艺术感的任务。它需要操作者对光线、色彩、构图等元素有深入的理解和敏锐的感知。然而，传统的手动修图方式往往费时费力，而且对技术的要求较高，使得很多人望而却步。但AI修图的出现为大众提供了一个更便捷、高效的解决方案。本章主要介绍什么是AI修图、AI修图的操作等内容。

5.1 认识AI修图

AI修图作为人工智能与图像处理技术的完美结合，正在逐渐改变我们对图像的认知和创作方式。通过深入探索和理解AI修图，我们不仅可以提升图像处理效率，还能开启一个充满无限创意和可能性的视觉世界。

5.1.1 AI修图的特点和优势

AI修图是通过人工智能技术对图像进行编辑和改进的过程。通过使用AI修图工具，用户能够轻松地对照片进行美化和优化，以使其呈现更吸引人和专业的效果。

1. AI修图的特点

AI修图工具为用户提供了一个便捷、迅速、高效的方式，让他们能够轻松编辑和优化照片。不论是一般用户还是专业摄影师，通过使用这些AI修图工具，可以以较低的成本提升商品的转化率，实现照片的美化和精细优化。

2. AI修图的优势

1）高效性

AI修图通过智能算法自动化地进行图像处理，大大提高了修图效率。相比传统的手动修图方式，AI修图可以快速对大量图像进行处理，减少人工操作的时间和精力。这种高效性使得AI修图在商业广告、摄影后期、艺术创作等领域具有广泛的应用价值。

2）精确性

AI修图通过机器学习算法对图像进行分析和处理，可以实现对图像的精确调整和修饰。它能够自动识别图像中的各种元素，如人物、景物、纹理等，并进行针对性的处理。这种精确性使得AI修图能够达到甚至超过专业修图师的水平，为摄影师、艺术家等创作人员提供了更好的创作工具。

3）多样性

AI修图具有丰富的功能和多样化的应用场景。它可以实现自动美颜、人像合成、风格转换等多种效果。同时，不同的AI修图算法和模型也可以实现不同的功能和应用，为创作人员提供了更多的选择和创意空间。这种多样性使得AI修图在满足不同领域和需求方面具有广泛的应用前景。

4）自动化程度高

AI修图具有高度自动化的特点。它可以通过智能算法自动完成图像分析、处理和修饰等任务，无须人工干预。这种自动化程度高的特点使得AI修图在处理大量图像或实时图像处理方面具有显著的优势，可以大大提高工作效率和准确性。

5）可扩展性强

AI修图具有强大的可扩展性。随着人工智能技术的不断发展和进步，AI修图的功能和应用也在不断拓展和完善。同时，新的AI修图算法和模型也在不断涌现，为创作人员提供了更多的选择和创新机会。这种可扩展性使得AI修图在未来具有更加广阔的发展前景和应用潜力。

5.1.2 常用的AI修图工具

本小节介绍一些常用的AI修图工具，探讨它们的功能、使用场景以及优缺点。这些工具不仅为专业摄影师和图像设计师提供了强大的支持，同时也让普通用户能够轻松地对照片进行美化和优化。通过这些工具，用户可以自动去除背景、调整光线和色彩、添加滤镜和特效，甚至实现一键美颜和瘦身等功能。

1. Photoshop

Adobe Photoshop（PS）是由Adobe Systems开发和发行的图像处理软件。Photoshop主要处理以像素构成的数字图像。它具有强大的图像编辑和处理功能，被广泛应用于平面设计、摄影后期、网页设计等领域，如图5-1所示。

图5-1

2.《像素蛋糕》

《像素蛋糕》是一款全新的AI修图工具，以其简单易用、高效快捷的特点，在短时间内赢得了众多摄影爱好者的喜爱。无须复杂的操作，只需拖入图片，即可轻松实现一键智能RAW转档调色，一键磨皮全身液化，让您体验前所未有的批量修图乐趣，如图5-2所示。

《像素蛋糕》的功能特色如下。

（1）导入图片，一步到位。使用《像素蛋糕》修图，只需将您需要修图的图片拖入软件中。无须进行其他额外的操作，简单易用，即使是初学者也能快速上手。

图5-2

（2）超专业RAW转档。RAW引擎确保转档效果极致人像AI人像处理技术实时预览精准掌握处理效果。

（3）批量处理。批量处理极速出片高效服务高效团队服务性响应领先技术中性灰磨皮肤质高保真构建网络纹理分层优化真正达到商业级中性灰磨皮效果。

（4）一键液化。通过3D骨骼点定位技术，结合用户体态姿态自动匹配美形方案，细化调整区域，在保持用户形体自然的情况下，实现微整形级别的瘦脸瘦身等美形功能。

（5）一键背景修复。通过全景分割网络解析图像内容，识别环境特定区域，并对该区域出现的瑕疵进行精准定位。结合瑕疵周边色彩与纹理对瑕疵进行消除或填补，以呈现整洁自然的背景环境。

（6）符合婚纱照调色习惯。对肤色提亮和肤质还原有明显的提升，适合瑕疵比较严重的图片处理。

（7）实时自定义批量处理。支持自定义预设效果并一键应用到全部图片。也可以选择专门为摄影师和设计师内置的推荐预设。

3. Light room

Adobe Photoshop Light room（Light room Classic）是Adobe研发的一款以后期制作为重点的图形工具软件。其增强的校正工具、强大的组织功能以及灵活的打印选项可以帮助您加快图片后期处理速度，将更多的时间投入拍摄，如图5-3所示。

该软件支持各种RAW图像，主要用于数码相片的浏览、编辑、整理、打印等。界面干净整洁，可以让用户快速浏览和修改完善照片以及数以千计的图片。由于Light room可以调整的参数非常多，自定义性强，所以在数字照片领域非常流行。

面向数码摄影、图形设计等专业人士和高端用户，支持各种RAW图像，主要用于数码相片的浏览、编辑、整理、打印等。其增强的校正工具、强大的组织功能以及灵活的打印选项可以帮助您加快图片后期处理速度，将更多的时间投入拍摄。

Light room与Photoshop有很多相通之处，但定位不同，不会取而代之，并且Photoshop上的很多功能，如选择工具、照片瑕疵修正工具、多文件合成工具、文字工具和滤镜等Light room并没有提供。

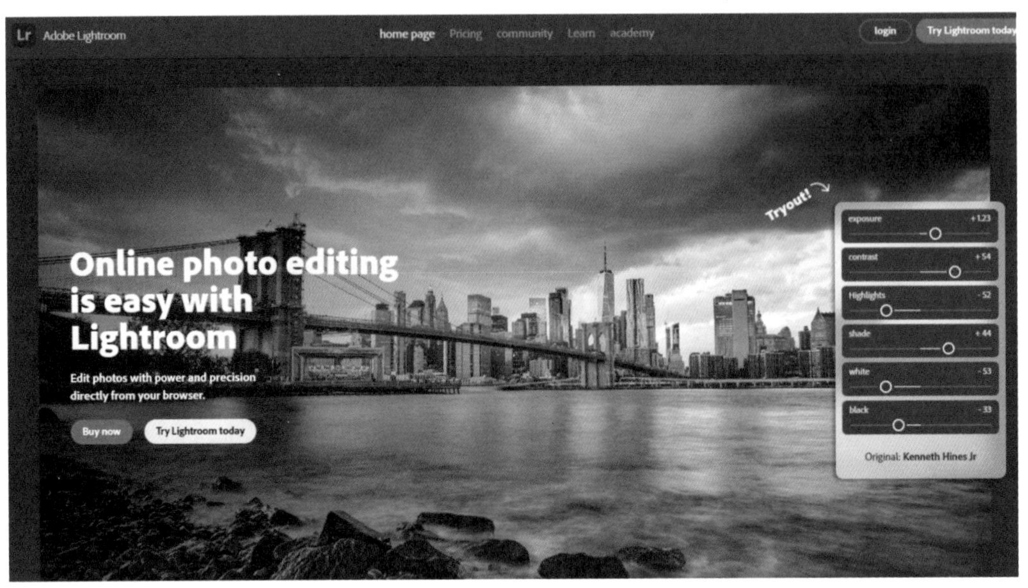

图5-3

5.2 AI修图操作

使用AI绘图工具生成的图片或多或少会存在一些瑕疵，此时我们可以使用AI修图工具进行修图，本节以Photoshop为例，对图片进行后期处理，包括修图调色等操作，从而使AI摄影作品变得更加完美。

5.2.1 智能识别填充

利用Photoshop的“内容识别填充”命令可以将复杂背景中不需要的图像清除干净，从而达到完美的智能修图效果，具体操作如下。

01 执行“文件”|“打开”命令，打开一张AI照片素材，如图5-4所示。

02 选取工具箱中的“套索工具”，在需要清除的图像周围创建一个选区，如图5-5所示。

图5-4

图5-5

▶03 执行“编辑”|“内容识别填充”命令，显示修复图像的取样范围（绿色部分），最终效果如图5-6所示。

▶04 适当涂抹图像，将不需要取样的部分去掉，如图5-7所示。

图5-6

图5-7

▶05 在“预览”面板中可以查看修复效果，满意后单击“内容识别填充”面板底部的“确定”按钮，如图5-8所示。

▶06 执行操作后，即可完美去除图像中不需要的部分，并取消选区，如图5-9所示。

图5-8

图5-9

5.2.2　智能肖像处理

借助Neural Filters滤镜的“智能肖像”功能，用户可以通过几个简单的步骤简化复杂的肖像编辑，具体操作如下。

▶01 执行“文件”|“打开”命令，打开一张AI照片素材，如图5-10所示。

▶02 在菜单栏中执行“滤镜”|Neural Filters命令，如图5-11所示。

图5-10

图5-11

▶03 执行完操作后，系统会自动识别并框选人物的脸部，如图5-12所示。

▶04 同时会展开Neural Filters面板，在左侧的功能列表中开启“智能肖像”功能，如图5-13所示。

图5-12

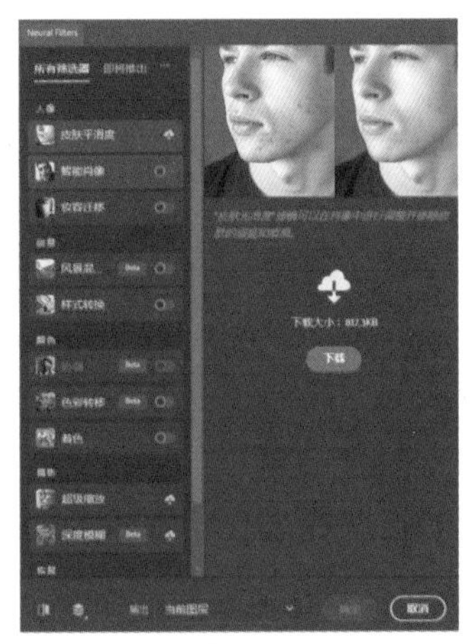

图5-13

▶05 在右侧的“特色”选项区中，分别设置“眼睛方向”为50、“幸福”为30，如图5-14所示。

▶06 单击“确定”按钮，即可完成智能肖像的处理，AI生成的效果图如图5-15所示。

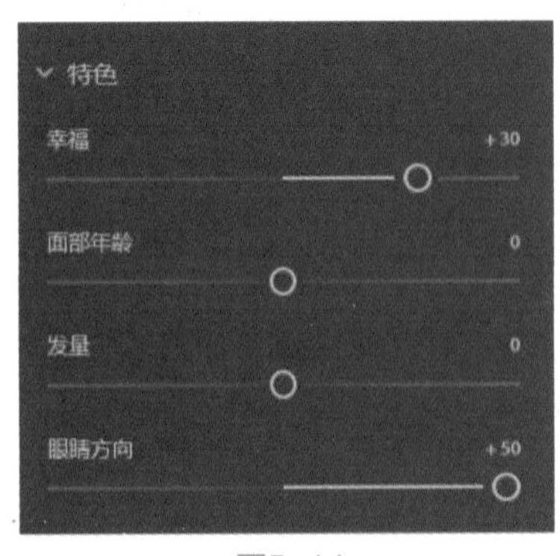

图5-14

图5-15

5.2.3　自动替换天空

借助Neural Filters滤镜的“风景合成器”功能，可以自动选择并替换照片中的天空，并自动调整为与前景元素匹配的色调，具体操作如下。

01 执行“文件”|“打开”命令，打开一张AI照片素材，如图5-16所示。

图5-16

02 执行“滤镜”|Neural Filters命令，展示Neural Filters面板，在左侧的功能列表中开启“风景混合器”功能，如图5-17所示。

03 在右侧的“预设”选项中，选择相应的预设效果，并拖动“夜晚”滑块至60，一键变换天空，如图5-18所示。

图5-17

图5-18

▶04 单击下方的“确定”按钮，即可完成天空的替换处理，AI生成的效果图如图5-19所示。

图5-19

5.2.4 图像样式转换

借助Neural Filters滤镜的“样式转换”功能，可以将选定的艺术风格应用于图像，从而激发新的创意，并为图像赋予新的外观，具体操作如下。

▶01 执行“文件”|“打开”命令，打开一张AI照片素材，如图5-20所示。

图5-20

▶02 执行“滤镜”|Neural Filters命令，展开Neural Filters滤镜面板，在右侧的功能列表中开启“样式转换”功能，如图5-21所示。

▶03 在右侧的“预设”选项中，选择相应的艺术家风格，并拖动需要调整的滑块，调节样式的强度、细节和不透明度，如图5-22所示。

图5-21

图5-22

▶04 单击下方的“确定”按钮，即可应用特定的艺术家风格图像，AI生成的效果图如图5-23所示。

图5-23

5.2.5 妆容迁移

借助Neural Filters滤镜中的“妆容迁移”功能，可以将眼部和嘴部的妆容风格从一张图像应用到另一张图像，具体操作如下。

▶01 执行“文件”|“打开”命令，打开一张AI照片素材，如图5-24所示。

▶02 执行“滤镜”|Neural Filters命令，在右侧的功能列表中开启“妆容迁移”功能，如图5-25所示。

图5-24

图5-25

▶03 在右侧的“参考图像”选项区中，单击“打开文件”按钮，如图5-26所示。

▶04 在弹出的“打开”对话框中，选择相应的图像素材，如图5-27所示。

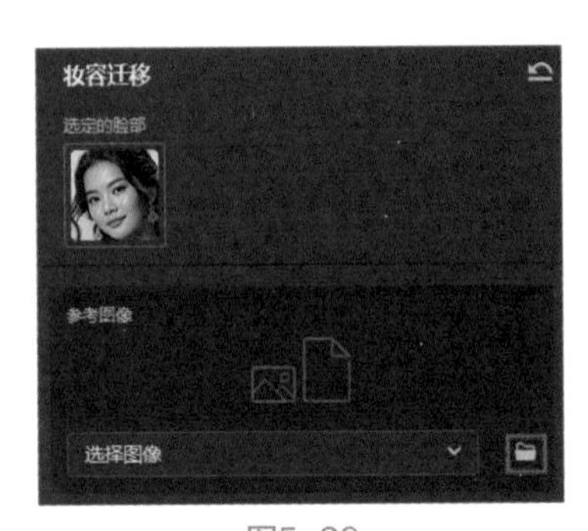

图5-26

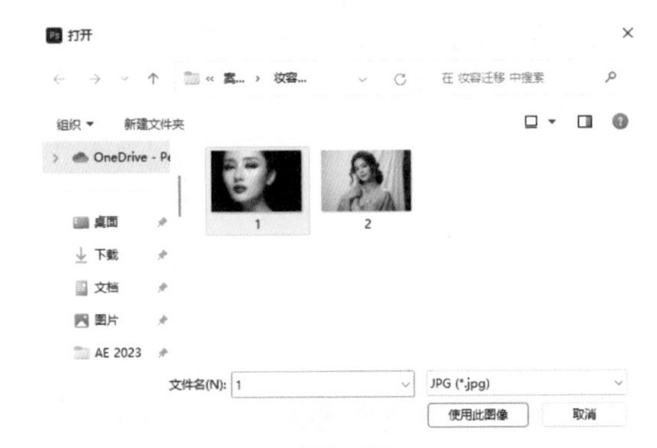

图5-27

▶05 单击“使用此图像”按钮，即可上传参考图像，如图5-28所示。

▶06 单击“确定”按钮，即可改变人物的妆容，AI生成的效果图如图5-29所示。

图5-28

图5-29

5.2.6　黑白图片上色

借助Neural Filters滤镜的“着色”功能，可以自动为黑白照片上色，具体操作如下。

01 执行“文件”|“打开”命令，打开一张AI照片素材，如图5-30所示。

02 执行“滤镜”|Neural Filters命令，在右侧的功能列表中开启“着色”功能，如图5-31所示。

图5-30

图5-31

03 在右侧展开的“调整”选项区中，设置“配置文件”为“复古高对比度”，并调节下方轮廓强度、饱和度和颜色等元素，如图5-32所示。

04 单击“确定”按钮，即可自动为黑白颜色照片上色，AI生成的效果图如图5-33所示。

图5-32

图5-33

5.2.7 人脸智能磨皮

借助Neural Filters滤镜中的“皮肤平滑度”功能，可以自动识别人物面部，并进行磨皮处理，具体操作方法如下。

▶01 执行“文件”|“打开”命令，打开一张AI照片素材，如图5-34所示。

▶02 执行“滤镜”|Neural Filters命令，在弹出的右侧功能列表中开启“皮肤平滑度”功能，如图5-35所示。

图5-34

图5-35

▶03 在Neural Filters面板的右侧分别设置“模糊”为100、“平滑度”为50，如图5-36所示。

▶04 单击“确认”按钮，即可完成人脸的磨皮处理，AI生成的效果图如图5-37所示。

图5-36

图5-37

5.2.8 老照片智能修复

利用Neural Filters滤镜中的“照片恢复”功能，可以一键修复老相片，提高相片的对比度、增强细节、消除划痕。

▶01 执行“文件”|“打开”，打开一张AI照片素材，如图5-38所示。

▶02 执行“滤镜”|Neural Filters命令，在弹出的右侧功能列表中开启“照片恢复”功能，如图5-39所示。

图5-38

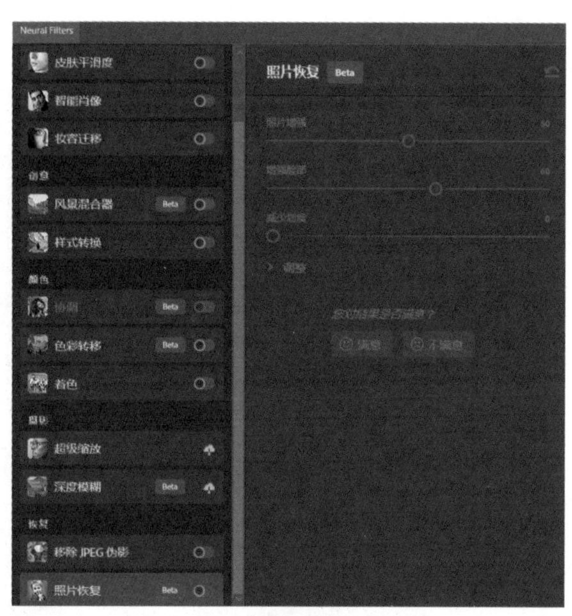

图5-39

▶03 在Neural Filters面板的右侧分别设置“照片增强”为80、“增强脸部”为90、“减少划痕”为100，如图5-40所示。

▶04 单击“确认”按钮，即可完成老照片的智能修复，AI生成的效果图如图5-41所示。

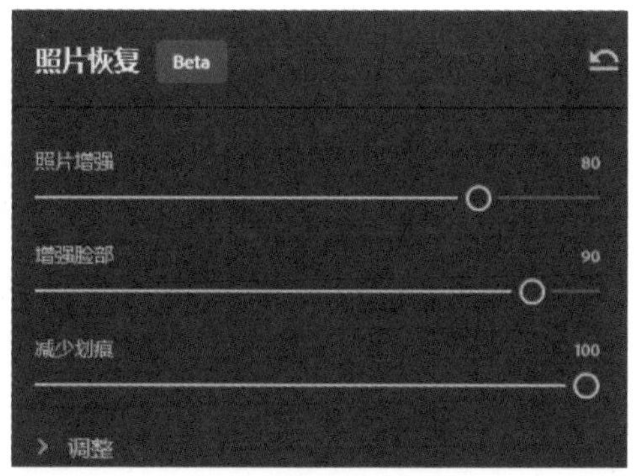

图5-40

图5-41

5.2.9 深度模糊

利用Neural Filters滤镜中的“深度模糊”功能，可以快速模糊背景，使主体更加突出，增强画面的层次感，具体操作如下。

▶01 执行“文件”|“打开”命令，打开一张照片素材，如图5-42所示。

▶02 执行“滤镜”|Neural Filters命令，在弹出的右侧功能列表中开启“深度模糊”功能，如图5-43所示。

图5-42

图5-43

▶03 在Neural Filters面板的右侧勾选“焦点主体”复选框，分别设置“焦距”为33、“模糊强度”为100，如图5-44所示。

▶04 单击“确认”按钮，即可完成深度模糊。可以看到效果图背景被虚化，突出了人物主体，如图5-45所示。

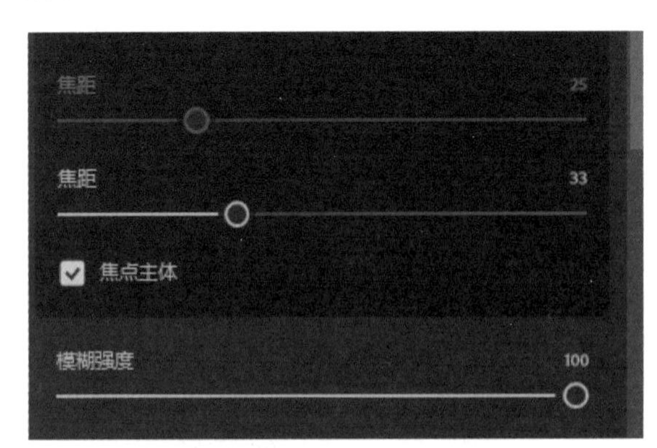

图5-44

图5-45

5.2.10　移除JPEG伪影

JPEG伪影是一种图像处理问题，通常出现在JPEG压缩过程中。当JPEG图像被多次重新压缩时，由于算法的局限性，会导致图像质量下降，出现模糊、块状、色带等问题，这就是JPEG伪影。利用Neural Filters滤镜中的“移除JPEG伪影”功能，可以有效减缓伪影对照片产生的不良影响，具体操作如下。

▶01 执行“文件”|“打开”命令，打开一张AI照片素材，如图5-46所示。

▶02 执行“滤镜”|Neural Filters命令，在右侧弹出的功能列表中开启“移除JPEG伪影”功能，如图5-47所示。

图5-46

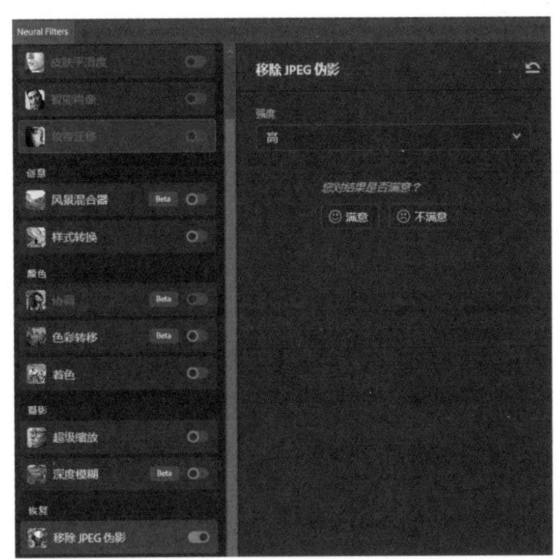

图5-47

▶03 在Neural Filters界面的右侧面板中，执行“强度”|“高”命令，去除素材图像中的伪影，如图5-48所示。

▶04 单击“确认”按钮，即可完成去除JPEG伪影操作，如图5-49所示。

图5-48

图5-49

第6章 Photoshop 2024修图

Photoshop是Adobe公司推出的一款图像处理软件，它具有强大的图像编辑和处理功能，被广泛应用于平面设计、摄影后期、网页设计等领域。本章主要介绍Photoshop 2024的概述和实战应用。

6.1 Photoshop 2024概述

2023年9月14日，Photoshop 2024宣布正式更新上线，这次版本更新直接内置了FireFly全家桶，融入大量AI创作元素，包括AI局部重绘、AI扩图、AI替换背景等功能，为用户大大缩短了修图所用时间。

6.1.1 Photoshop 2024简介

1987年，Photoshop的主要设计师托马斯·诺尔在完成他的博士论文时，发现当时的苹果计算机无法显示带有灰度的黑白图像，于是他编写了一个名为Display的程序，用来显示和修改数字图像。在一次偶然的机会中，他的哥哥约翰·诺尔接触到了这款软件，并对托马斯·诺尔编写的程序表现出浓厚兴趣，便加入其中一起完善这个程序。随着时间的推移，两兄弟（如图6-1所示）将Display不断改进，Display的功能和体验越来越完善。

图6-1 托马斯·诺尔（Thomas Knoll，左）和约翰·诺尔（John Knoll，右）

在一次展会上，他们采纳了一位参展观众的建议，将程序正式命名为Photoshop。这时的Display（也就是Photoshop）已经具备了Level、色彩平衡、饱和度等调整功能。

当他们想要利用这款软件营利时，却四处碰壁。他们的第一个商业客户是一个扫描仪公司，搭配扫描仪一起销售，产品名为Barneyscan XP，版本为0.87。后来，诺尔兄弟遇见了当时Adobe公司的艺术总监塞尔·布朗。当时，塞尔·布朗正在研究是否考虑另一家公司Letraset的ColorStudio图像编辑程序。但经过接触Photoshop后，他认为诺尔兄弟的程序更具潜力。于是，在1988年7月，他们达成了口头合作协议，而真正的法律合同直到1989年4月才正式完成，至此，Photoshop正式进入Adobe公司麾下。

截至2022年6月，Adobe Photoshop仍然是最受欢迎的图像编辑和特殊效果平台之一，现在其Web网页版已免费提供给任何拥有Adobe账户的用户。

2023年9月14日，Adobe公司把PS Beta更新到了最新版本的PS 2024 25.0，官方的说明：最新PS 2024 25.0正式版主要有5项新功能，尤其是“生成式填充”和“生成式扩展”。

6.1.2　Photoshop 2024功能介绍

在使用Photoshop 2024前，首先要了解各区域的功能。Photoshop软件的操作界面主要包括菜单栏、选项栏、工具箱、面板、文档窗口几部分，下面分别进行介绍。

1. 菜单栏

Photoshop的菜单栏位于界面顶部，如图6-2所示，包含11个主菜单：文件、编辑、图像、图层、文字、选择、滤镜、3D、视图、窗口和帮助。几乎所有的命令都被归类并排列在这些菜单中，以便于用户快速找到并使用。用户可以通过单击或者使用快捷键来快速调用菜单栏中的命令。此外，部分命令也可以通过在文档窗口中使用右键快捷菜单来调用。

文件(F)　编辑(E)　图像(I)　图层(L)　文字(Y)　选择(S)　滤镜(T)　3D(D)　视图(V)　增效工具　窗口(W)　帮助(H)

图6-2

2. 选项栏

选项栏位于菜单栏下方，如图6-3所示，是用于设定工具选项的特定区域，其内容会因所选工具的不同而有所变化。在选项工具栏中，用户可以在特定的文本框中选择不同的选项，或者输入特定的参数值，从而改变工具的状态。

自动选择：图层　显示变换控件　3D模式：

图6-3

3. 工具箱

工具箱位于界面左侧，如图6-4所示，包含用于编辑图像和创建图稿的工具。类似的工具被组合在一起，可以通过单击并按住面板中的工具来访问组中的相关工具。

4. 面板

面板位于界面右侧，如图6-5所示，是用于设置颜色、工具参数以及执行编辑命令的重要工具。通常情况下，面板会以选项卡的形式成组出现。在“窗口”菜单中，用户可以选择需要打开或关闭的面板。面板可以根据需要进行展开、折叠或自由组合，以适应不同的编辑需求。

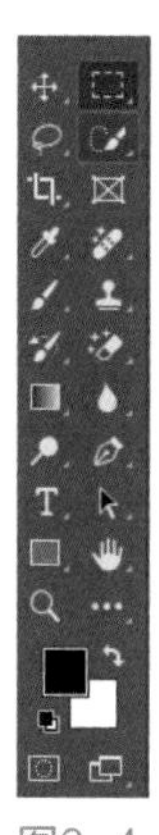

图6-4

图6-5

5. 文档窗口

文档窗口位于界面的中间，如图6-6所示，显示您当前正在处理的文件。多个打开的文档显示在“文档”窗口的选项卡中，如图6-7所示。

图6-6

图6-7

以上是Photoshop的基本功能介绍，Adobe Photoshop 2024 v25.2最新版引入了创新的AI功能，包括生成式填充、生成式扩展，改进了移除工具的交互方式，并在上下文任务栏中添加了新功能，以辅助遮罩和裁剪工作。还增加了Photoshop Web版，内容包括简化的UI、容易找到的工具、可自定义的筛选器等（可通过Web浏览器访问这些内容），只需几步即可创建您喜欢的图像和设计，如图6-8所示。

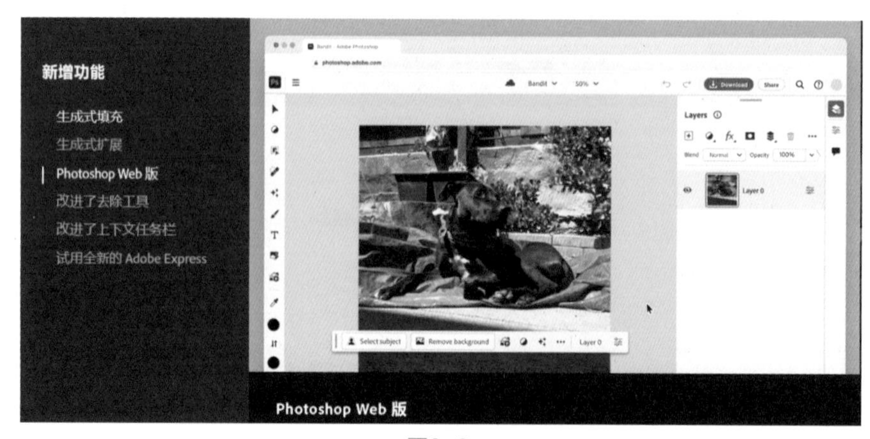

图6-8

6.2 创成式填充

创成式填充仅在Photoshop 2024桌面应用程序中可用，“创成式填充”是一个神奇的新工具，它基于用户的创造力，只需使用简单的文本提示就能添加、扩展或移除图像中的内容，以获得逼真效果。

6.2.1 实战应用：更改或增加内容

利用Photoshop 2024中的“创成式填充”命令可以更改或增加图像中的内容，使用简单的文本内容就能获得逼真的效果，具体操作如下。

01 执行“文件”|“打开”命令，打开一张AI照片素材，如图6-9所示。

02 在工具箱中选择“矩形选框工具”，框选需要更改或增加的区域，如图6-10所示。

图6-9

图6-10

03 单击上下任务栏中的“创成式填充”按钮，并在弹出的输入框内输入相关提示词，如图6-11所示。

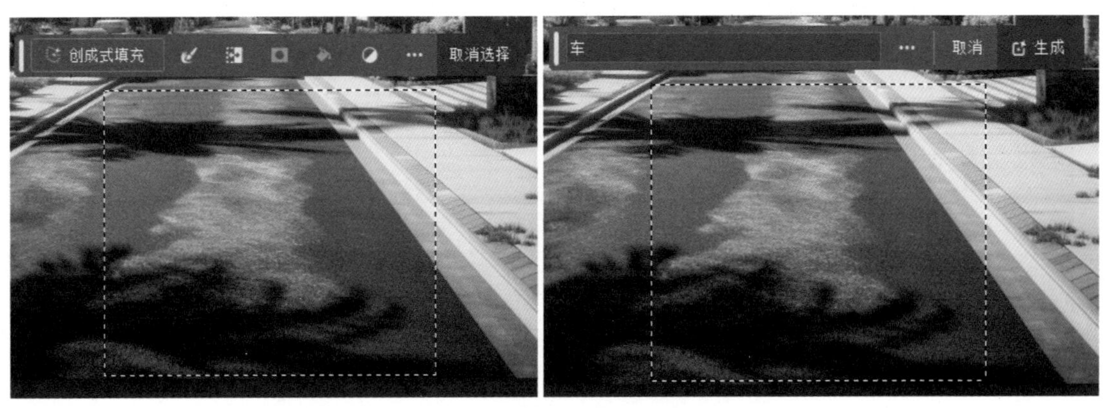

图6-11

04 单击“生成”按钮，被框选的区域即可得到改变，AI生成的效果图如图6-12所示。

图6-12

6.2.2　实战应用：一键换装

利用Photoshop 2024中的“快速选择工具”与“创成式填充”命令相结合，能达到一键换装的效果，具体操作如下。

01 执行“文件”|“打开”命令，打开一张AI照片素材，如图6-13所示

02 使用界面左侧工具栏中的“快速选择工具”，框选图片中衣服区域，如图6-14所示。

图6-13

图6-14

03 单击上下任务栏中的“创成式填充”按钮，并在弹出的输入框内输入衣服款式提示词，如图6-15所示。

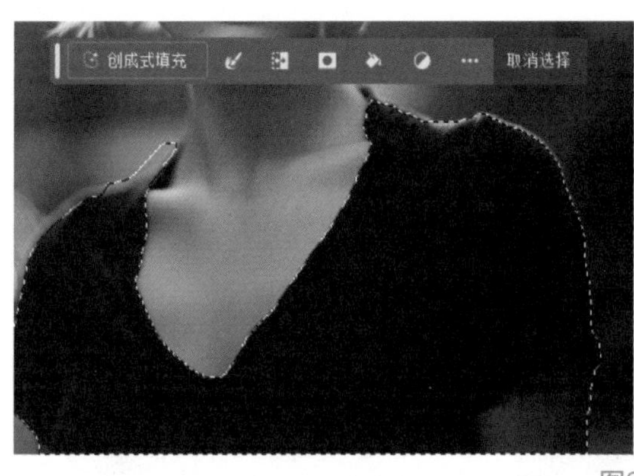

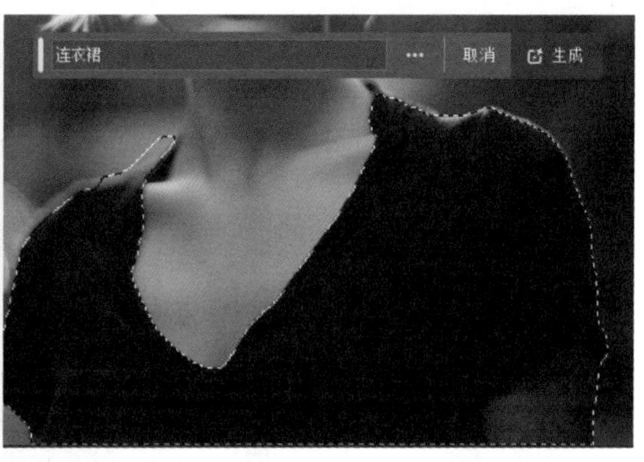

图6-15

▶04 单击“生成”按钮，就能得到一组更换的照片（目前是三张），效果图如图6-16所示。

图6-16

6.2.3　实战应用：更换场景风格

利用Photoshop 2024中的“磁性套索工具”和“创成式填充”命令，可以达到更换场景风格的效果，具体操作如下。

▶01 执行“文件”|“打开”命令，打开一张AI照片素材，如图6-17所示。

▶02 在工具箱中选择“磁性套索工具”，框选图片中的主体部分，如图6-18所示。

图6-17

图6-18

▶03 右击，在弹出的快捷菜单中选择“选择反向”选项，如图6-19所示。单击“创成式填充”按钮，输入想要更换的场景风格提示词，如图6-20所示。

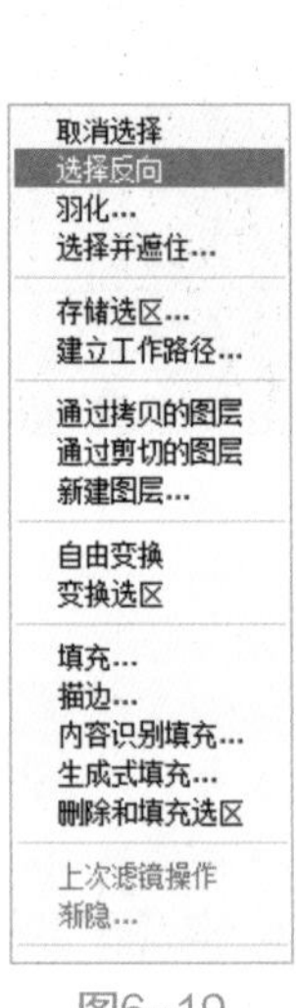

图6-19

图6-20

▶04 单击“生成”按钮，就能得到一组更换过场景的创成式照片，AI生成的效果图如图6-21所示。

图6-21

6.3 移除工具

Photoshop 2024中的移除工具是一款便捷且功能强大的工具，能够帮助用户快速、轻松地清理图像。通过使用移除工具，用户可以轻松祛除照片中的干扰元素或不需要的区域。该工具采用了智能技术，当用户轻刷不需要的对象时，即可将其祛除，并自动填充背景，同时保持对象的完整性和深度，即使在复杂多样的背景中也能实现这一效果。

6.3.1 实战应用：一键框选移除

利用Photoshop 2024中的“选择主体”命令和“移除工具”，可以将不需要的图像清除干净，还能对移除部分进行相应的填充，从而达到完美的智能修图效果，具体操作如下。

▶01 执行“文件”|“打开”命令，打开一张AI照片素材，如图6-22所示。

图6-22

▶02 执行菜单栏“选择”|“主体”命令，如图6-23所示，就会自动将图片中人物主体部分框选出来，如图6-24所示。

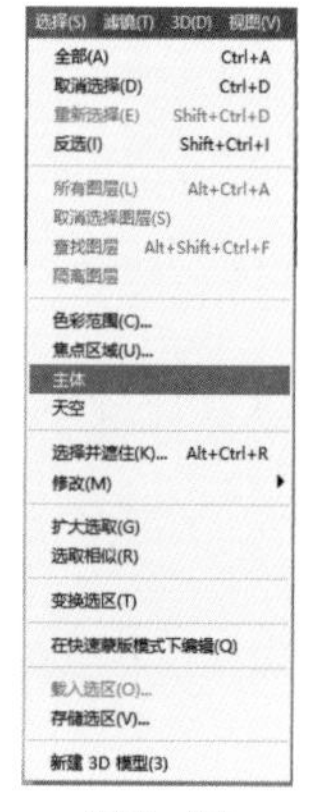

图6-23

图6-24

也可在上下文任务栏中单击“选择主体”按钮，与图6-23所示效果一样。

▶03 选择左侧工具箱中的“移除工具”，长按鼠标左键并涂抹选区，如图6-25所示。

图6-25

▶04 选区涂抹完成后，松开鼠标左键，即可完美祛除图像中不需要的部分，AI生成的效果图如图6-26所示。

图6-26

6.3.2 实战应用：手动涂抹移除

利用Photoshop 2024中的“移除工具”，可以将背景中不需要的元素进行手动涂抹移除，更为方便、快捷，具体操作如下。

▶01 执行“文件”|“打开”命令，打开一张AI照片素材，如图6-27所示。

图6-27

▶02 选择工具箱中的“移除工具”，对需要移除的部分进行涂抹，如图6-28所示。

提示 还可以将需要移除的部分用“移除工具”圈起来，效果是一样的。

图6-28

▶03 选区涂抹完成后，即可得到一张移除完成后的图片，效果图如图6-29所示。

图6-29

6.3.3 实战应用：一键移除背景

一键移除背景是利用Photoshop 2024中的“移除背景”按钮，将图片中背景元素移除，具体操作如下。

▶01 执行“文件”|“打开”命令，打开一张AI照片素材，如图6-30所示。

▶02 单击上下文任务栏内的“移除背景”按钮，如图6-31所示。

图6-30

图6-31

▶03 执行操作后，即可完美祛除图像中的背景，将自己想要的背景拖到图片中，就能得到AI生成的效果图，如图6-32所示。

图6-32

提示

将背景移动到素材图中时，需要在面板中将“图层1”拖移至“图层0”的下方，这样背景才会在人物的下方，如图6-33所示。左侧为拖动前，右侧为拖动后。

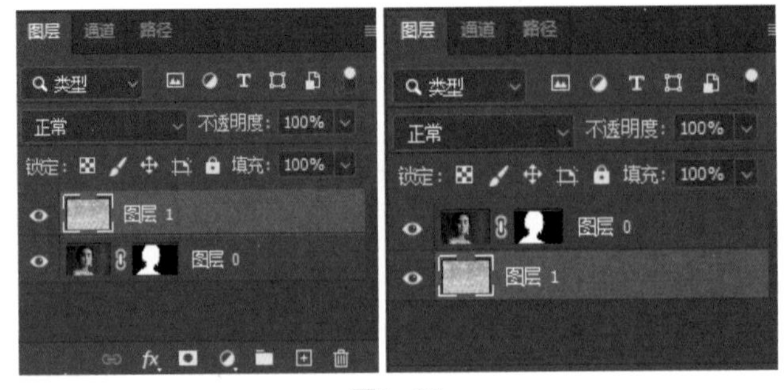

图6-33

6.4　生成式扩展

生成式扩展是Photoshop 2024更新的一项重要功能，它按照用户的意愿将原始图片扩展成一张高清大片，用户只需要使用裁剪工具，拖动光标将图片选好扩展范围，新生成的内容就能自然地与现有图像混合在一起，使图像更加完整、协调。下面是具体操作流程。

6.4.1　实战应用：单张边缘延展内容

单张边缘延展内容是利用Photoshop 2024中的“裁剪工具”调整图像大小，使用“生成式扩展”功能可自然地与现有图像混合，并填补空白空间。

01 执行“文件”|“打开”命令，打开一张AI照片素材，如图6-34所示。

图6-34

02 选择工具箱中的“裁剪工具”，对图片边缘进行扩展，如图6-35所示。

图6-35

▶03 单击上下文任务栏中的“生成式扩展”按钮，单击“生成”按钮，如图6-36所示。

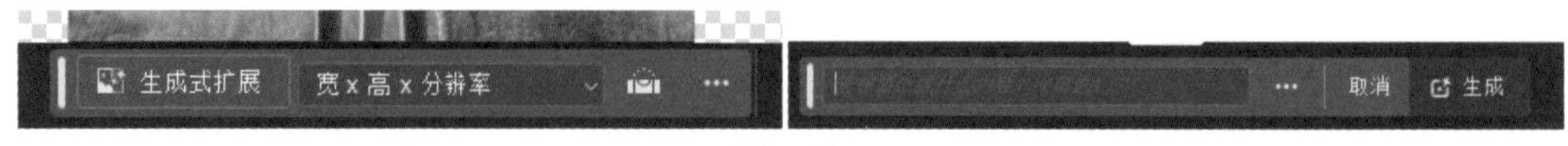

图6-36

▶04 执行操作后，即可对图片进行扩展（与“生成式填充”命令相同的是，生成的图片也是三张），AI生成的效果图如图6-37所示。

图6-37

提示

当对扩展的图片有要求时，也可以在输入框内填写相应的提示词，这样扩展的图像内容会更符合用户的需求。

6.4.2 实战应用：多张边缘延展融合

借助Photoshop 2024中的“生成式扩展”功能，可以将两个图层完美地融合在一起，融合后的图像也十分协调，具体操作如下。

▶01 执行“文件”|“打开”命令，打开两张AI照片素材，如图6-38所示。

▶02 将其中一张图片利用“裁剪工具”扩展到能容纳下两张素材图片的程度，如图6-39所示。

▶03 利用“移动工具”将另一张图片素材移动到扩展过的图片素材上来，如图6-40所示。

▶04 按Shift键，利用“矩形选框工具”将两张图片主体框选出来，如图6-41所示。

图6-38

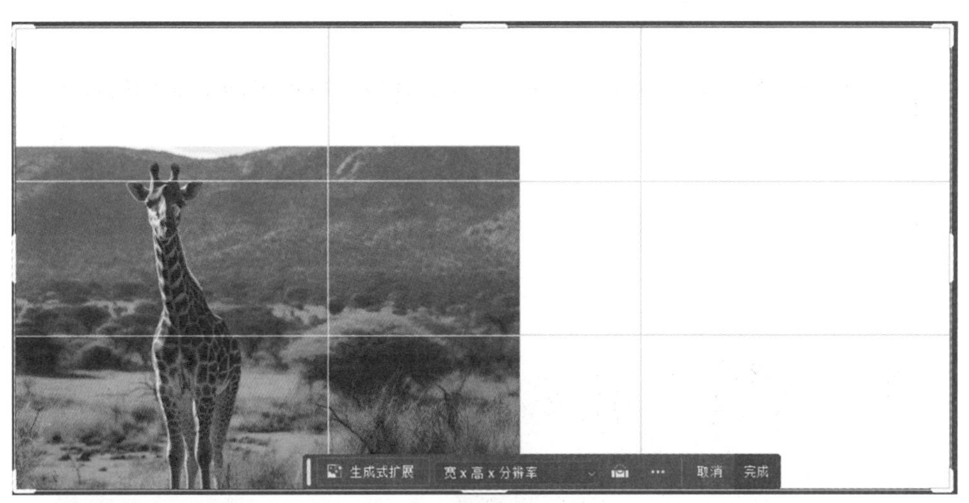

图6-39

图6-40

图6-41

▶05 在图片空白处右击，在弹出的快捷菜单中选择“选择反向”选项，如图6-42所示。

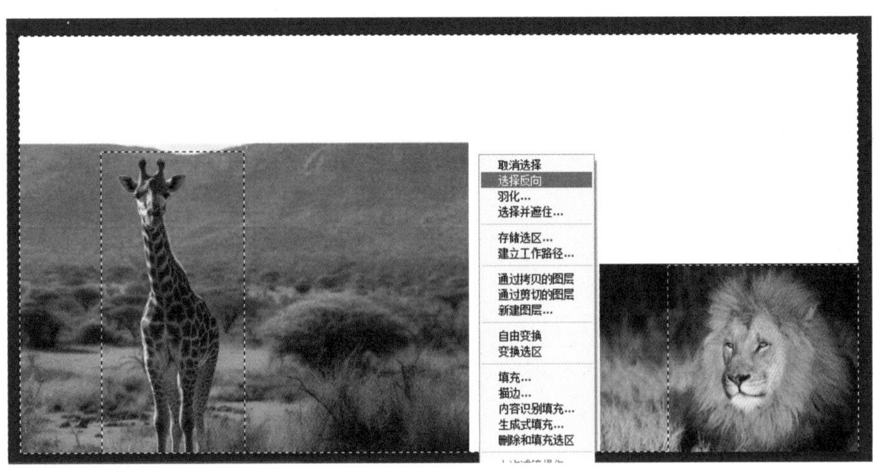

图6-42

▶06 单击上下文任务栏内的“创成式填充”按钮，并单击“生成”按钮，如图6-43所示。

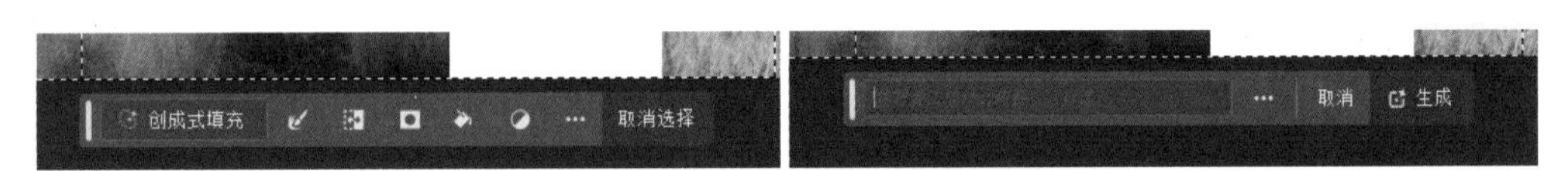

图6-43

▶07 稍等片刻，就能得到两张图片边缘延展融合的图片，效果图如图6-44所示。

图6-44

6.5 SD插件拓展

插件是由第三方开发商提供的增效工具，旨在为用户提供更多的功能和便利。在Photoshop中，有SD插件和Perfectly Clear插件等，其主要作用是方便用户，提高其工作效率。通过这些插件，用户可以在Photoshop中完成包括生成AI图片、AI修图、调色等多种任务。这些插件不仅简化了工作流程，还提供了更多的创意和灵活性，使用户能够更加高效地完成各种图像处理任务。

SD插件是一个Photoshop的插件，通过这个插件，用户可以直接在Photoshop中使用Stable Diffusion的功能，不用在两款软件中来回切换，并且可以在Photoshop设计中来回调用Stable Diffusion辅助帮助用户生成AI制作的图片，下面介绍其功能及应用。

6.5.1　基础功能介绍

SD插件的功能与Stable Diffusion软件大致相同，相当于Stable Diffusion的简化版。下载完成并部署完本地布局后，需打开Photoshop，选择并单击菜单栏中的“增效工具”，选择并单击所部署完成的SD插件（Auto Photoshop Stable Diffusion Plugin），并选择SD插件，就能使用了，如图6-45所示。

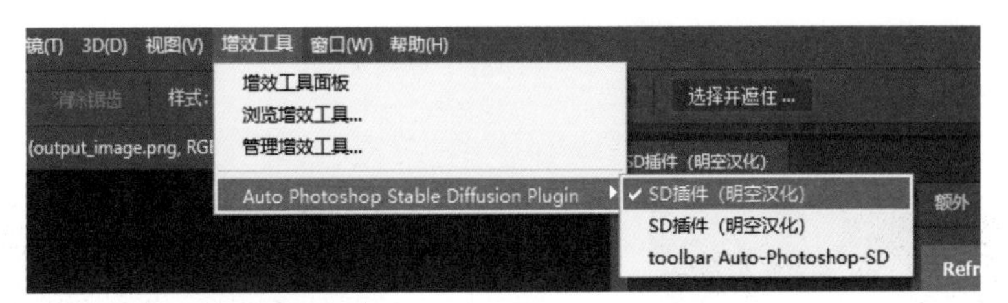

图6-45

选择完成后，会弹出操作SD插件的操作界面，图6-46所示为功能介绍。

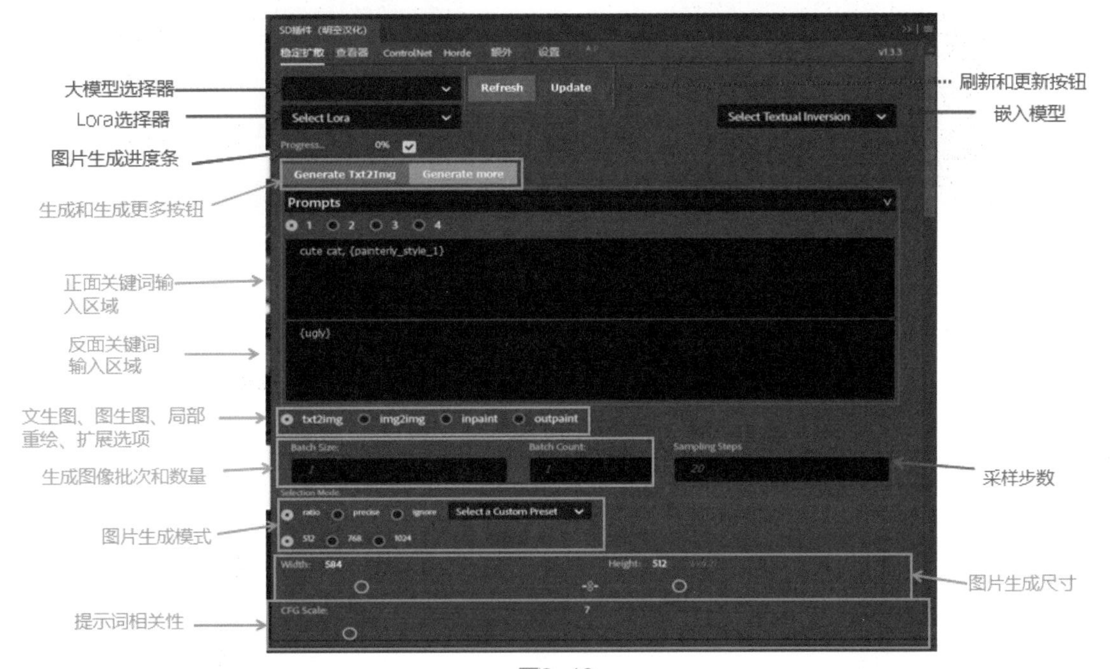

图6-46

6.5.2　文生图

文生图是AI绘画的基本的功能之一，只需输入相关提示词即可生成图片。下面是利用SD插件在Photoshop中实现文生图的操作流程。

▶01 打开Photoshop 2024，在菜单栏中执行“文件”|“新建”命令，新建一个画板，如图6-47所示。

▶02 选中SD插件中的txt2img单选按钮，选择文生图模式，如图6-48所示。

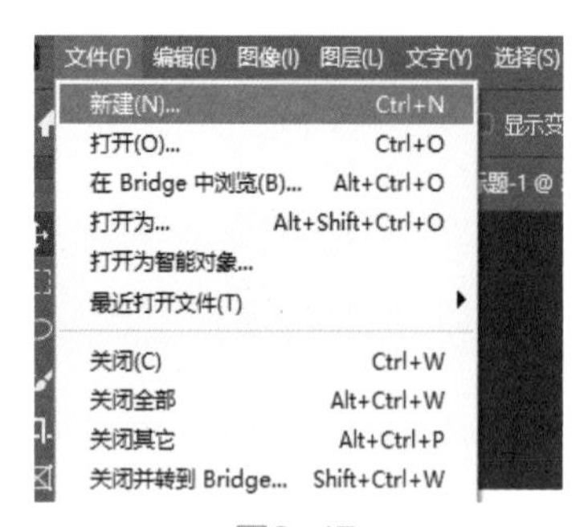

图6-47

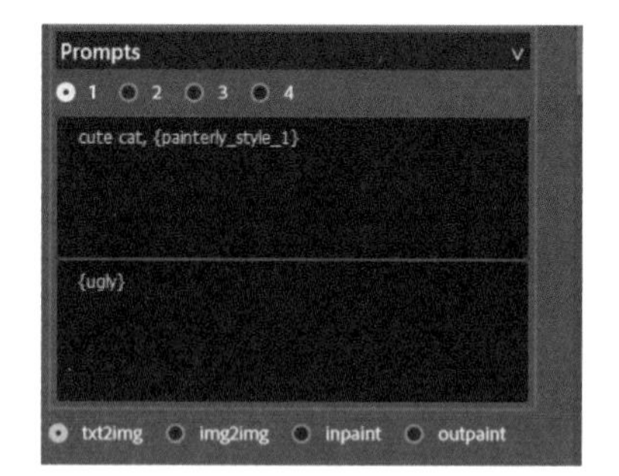

图6-48

▶03 选择合适的AI大模型，并输入正、反面提示词，如图6-49所示。正面提示词：cute cat, {painterly_style_1}，反面提示词：ugly。

▶04 调整各类参数，参数设置如图6-50所示。

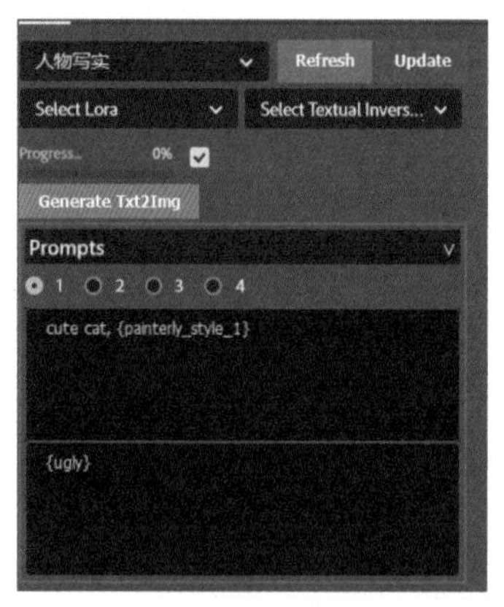

图6-49

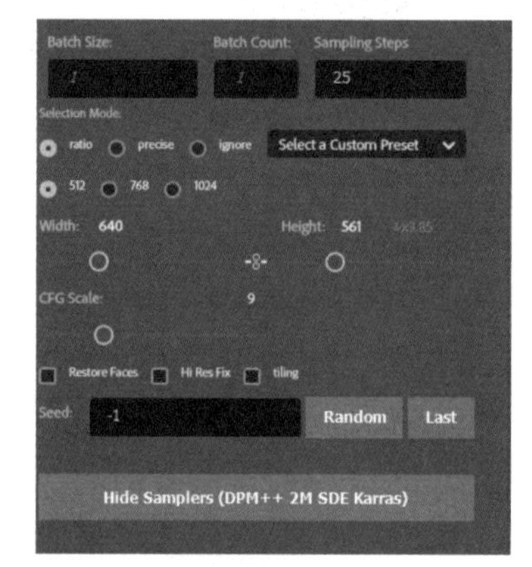

图6-50

▶05 调节完参数后，选择工具箱中的“选框工具”，在新建的画板上框选出一个选框，如图6-51所示。

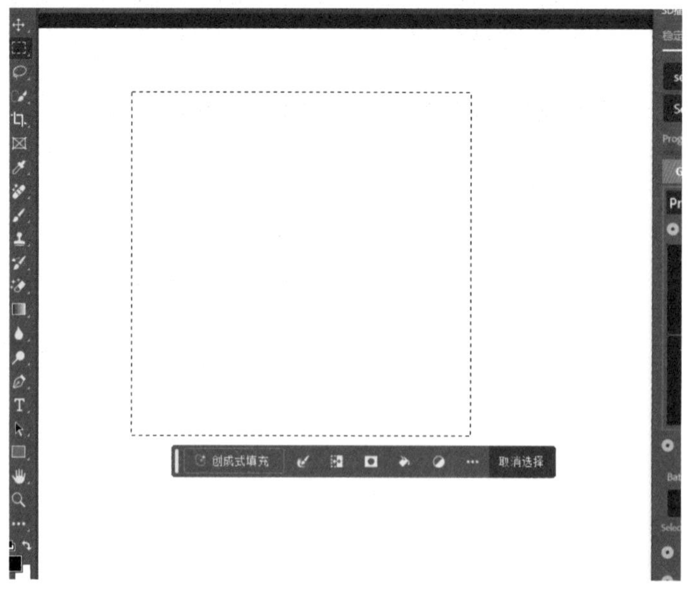

图6-51

▶06 单击“生成（Generate Txt2ing）”按钮，等待图片生成进度条走完后，图片就会在选区中生成，如图6-52所示。

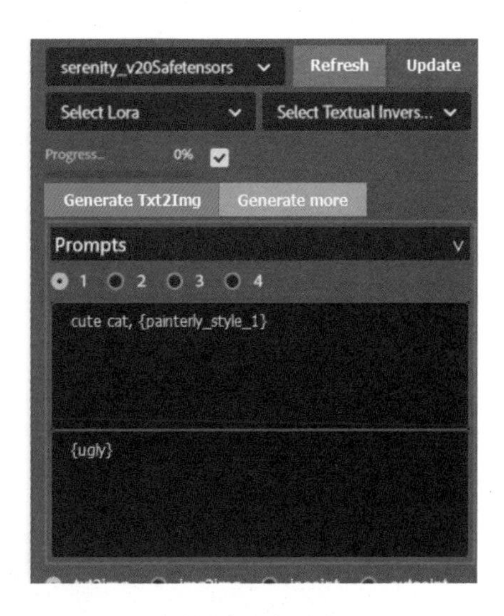

图6-52

提示

用户用当前绘制的选区创作了一张照片后，不满意该照片的效果或者是需要调整关键词及其他参数时，只要还在当前绘制的选区内生成图片，单击绿色的“重新生成（Generate more）”按钮，就会重新在该选区内生成，而不需要重复绘制相同的选区。选区内重做的照片会在插件操作面板底部的查看器中显示，如图6-53所示。

图6-53

6.5.3　图生图

图生图是依赖图片和提示词进行二次创作，下面演示一个真人写实照片转动漫风格的案例。

▶01 在菜单栏中执行“文件”|“打开”命令，打开一张素材照片，如图6-54所示。

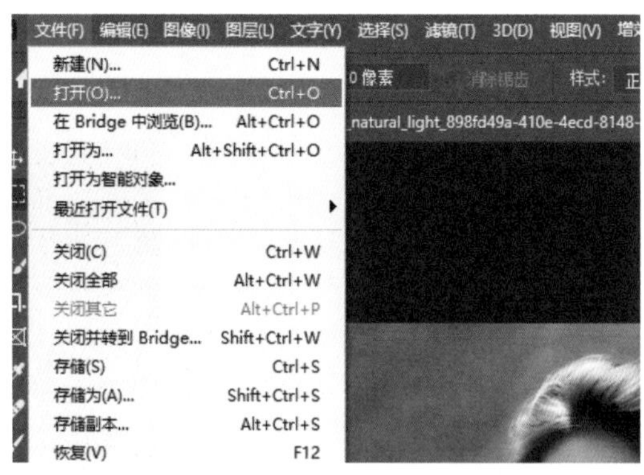

图6-54

02 选择合适的AI大模型，并在提示词输入框输入正、反面提示词。在提示词输入框下方的扩展选项中选中img2img单选按钮，切换至图生图模式，如图6-55所示。

03 调整各类参数，参数设置如图6-56所示。

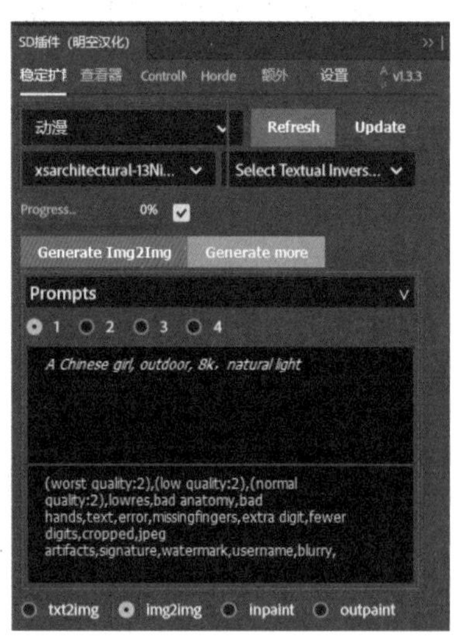

图6-55

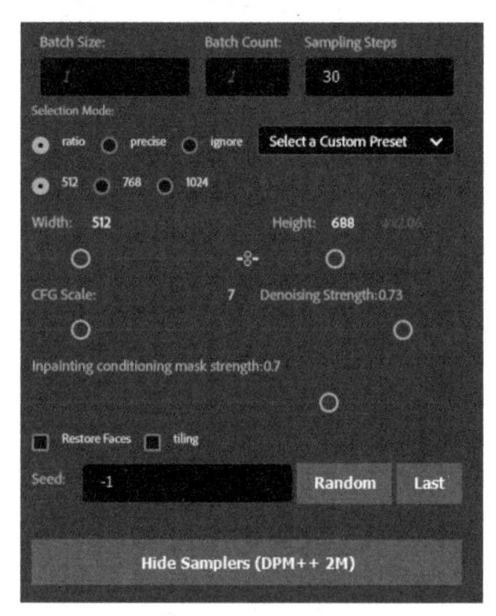

图6-56

04 在左侧工具箱中选择“选框工具”，将需要进行绘制的地方框选出来，并单击“生成（Generate Txt2ing）”按钮，如图6-57所示。AI生成的效果图如图6-58所示。

图6-57

图6-58

提示

SD插件同时也继承了Stable Diffusion的“重绘幅度”功能，可以调整重绘幅度的数值来控制图片效果，如图6-59所示。

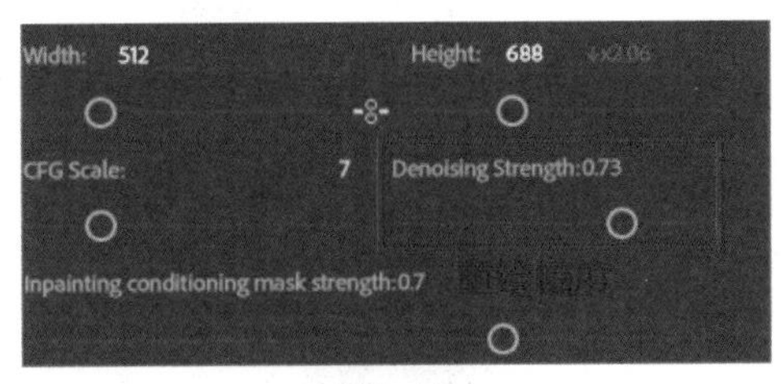

图6-59

6.5.4　局部重绘

在Stable Diffusion的Web UI中，局部重绘是在图生图中，操作路径是上传图片，然后用Stable Diffusion中的画笔涂抹需要修改的区域。然而在Photoshop中，可以借助Photoshop强大的选区、钢笔以及对象选择等工具快速且精准地选取需要局部重绘的地方进行修改。下面的实例操作是把中间的人物局部重绘，变成另外一个人物，且背景不发生改变。

01 在菜单栏中执行“文件”|“打开”命令，如图6-60所示，打开一张素材照片。

02 选择合适的大模型（这里建议使用写实模型），在提示词输入框输入正、反面提示词，并选中“局部重绘（inpaint）”单选按钮，如图6-61所示。

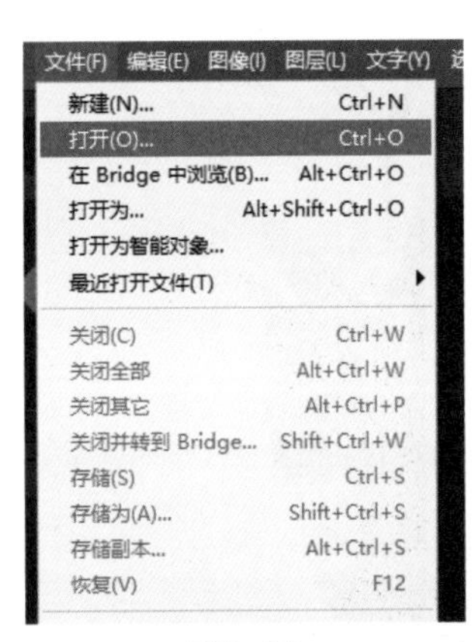

图6-60

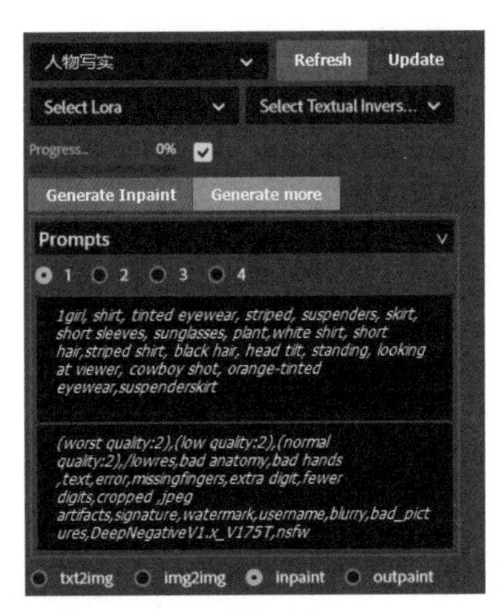

图6-61

03 执行操作后，图层区域会出现一个蒙版遮盖图层，如图6-62所示。

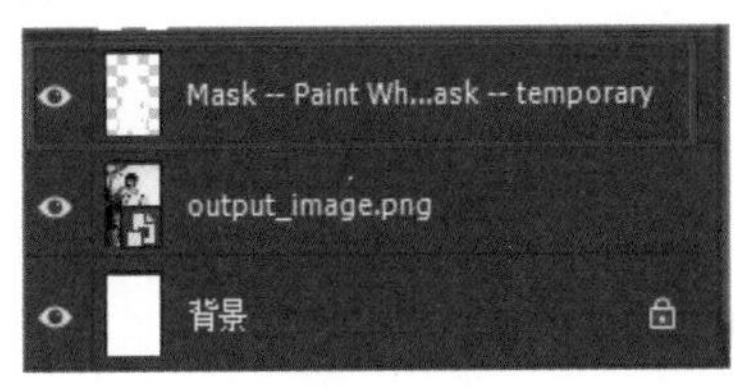

图6-62

▶04 执行“选择”|“主体”命令，选中图中人物主体部分，如图6-63所示。

图6-63

提示

如不变换人物，变换背景时，可右击，在弹出的快捷菜单中选择“选择反向”选项后，按下面步骤来即可。

▶05 选择图层区域中的蒙版遮盖图层，执行“编辑”|“填充”命令将蒙版遮盖图层填充为白色（白色区域为局部重绘区域），如图6-64所示。

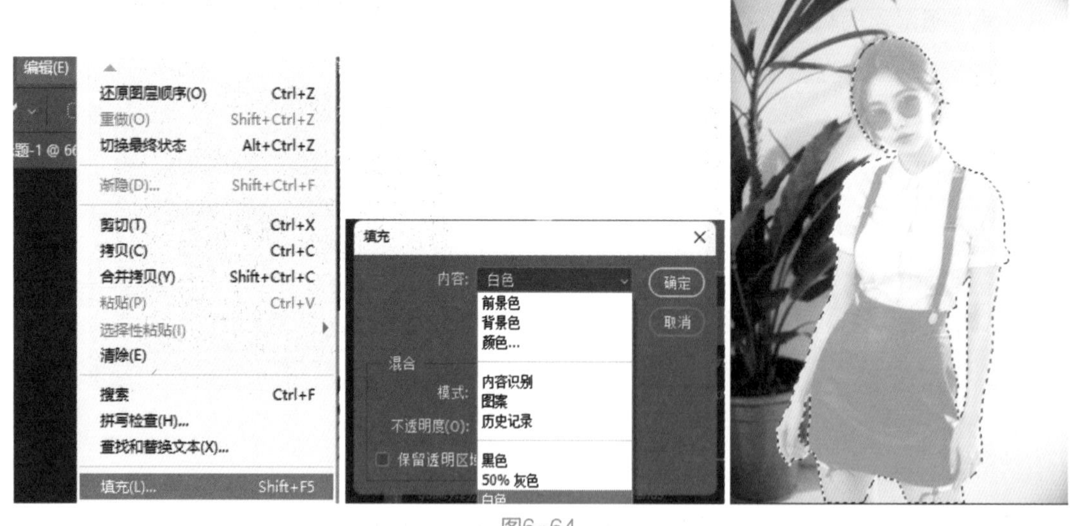

图6-64

注：一定是在蒙版图层上填充白色，其他图层上填充无效。

▶06 单击上下文任务栏中的“取消选择”按钮，取消人物的选区，如图6-65所示。

▶07 利用工具箱中的“选框工具”，将整张图片进行框选，确保新的选区覆盖蒙版及周边原图，如图6-66所示。

图6-65

图6-66

▶08 单击SD插件中的“生成（Generate Txt2ing）”按钮，即可完成人物的更换，最终效果图如图6-67所示。

图6-67

第7章 《像素蛋糕》修图

随着手机自拍和微单相机的出现，人像摄影已经越来越普遍。现在，每个人都可以根据自己的喜好，利用光线和角度，轻松地使用手机修图应用程序来美化照片。这些照片的质量已经足够满足人们的日常需求，而且拍摄时间更自由，成片速度更快，成本更低。这为商业人像摄影行业带来了新的挑战，同时也提高了人们对商业人像摄影照片的专业程度和出片速度的要求。

为了应对这些挑战，传统修图师需要不断更新自己的工具。虽然Photoshop和Lightroom仍然是他们的主要工具，但在未来，数码师的“武器库”还需要加上新成员——《像素蛋糕》。

7.1 《像素蛋糕》概述

《像素蛋糕》是由深圳像甜科技有限公司推出的一款基于人工智能的智能修图软件，于2021年上线，深圳像甜科技有限公司深耕AI图像处理超过10年，在计算机视觉领域有着深厚的技术积累，该公司推出的《像素蛋糕》可谓是其十多年经验积累的结晶。

7.1.1 《像素蛋糕》简介

《像素蛋糕》AI修图是一款基于AI深度学习的商业摄影后期修图软件，专为商业摄影师和设计师打造。拥有实时调色、中性灰磨皮、全身液化、衣服祛褶皱、换天空、背景祛瑕疵等行业领先的后期图像处理功能，如图7-1所示。

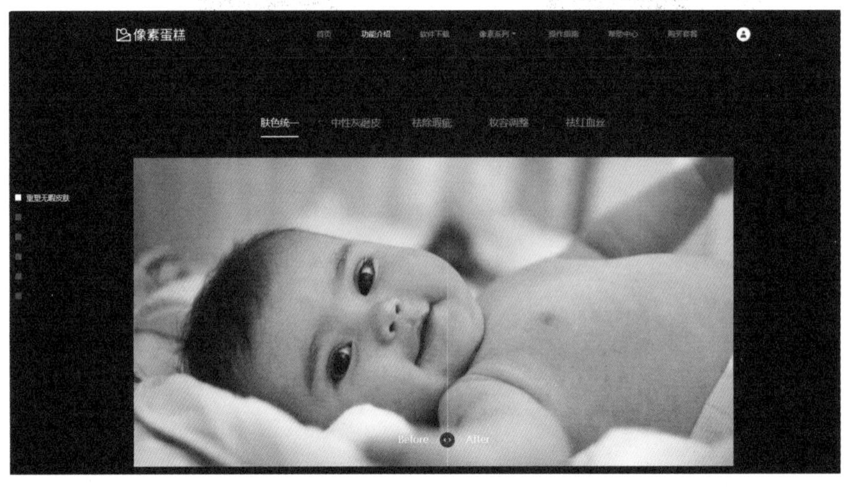

图7-1

它还可以帮助用户实现一键智能RAW转档调色、一键磨皮全身液化等，轻松完成“一秒初修，三秒精修”的批量修图操作。

《像素蛋糕》具有多种独家AI技术，可以智能分析每一张照片，并根据不同需求进行优化处理。同时，它支持自定义预设和批量处理功能，大大提高了后期修图的效率。

7.1.2 《像素蛋糕》的使用方法

《像素蛋糕》是一个商业级别的图片处理平台，下面介绍其使用方法。

1. 项目创建界面

在下载并登录《像素蛋糕》后，会进入项目创建界面，在这里可以创建并管理所有的项目图片，如图7-2所示。

图7-2

2. 工作区概述

创建项目后，即可进入工作区开始对图片项目进行修图。工作区共分为五块区域，如图7-3所示。

（1）上侧跳转区：包含“返回主页”按钮、“图库”与“精修”界面选择、“会员续费”按钮、“个人中心”按钮、“导出”列表以及“导出”按钮。

图7-3

（2）上侧工具栏区域：在此区域您可以调整图片视图大小、拖曳图片、手动液化或一键运用预设。

（3）下侧缩略图区域：导入的图片可在该区域查看缩略图，在此您可标星、添加图片或将图片重新排序。

（4）中间效果预览区：正在美化的图片可在此处查看预览效果，最终修图效果以导出后的图片为准。

（5）右侧功能模块区：单击最右侧的菜单图标可切换不同功能。

3. 图库界面

《像素蛋糕》图库界面每张缩略图带有4个不同的标识方便查看图片信息，分别是星级标识、已处理标识、RAW标识与已导出标识，如图7-4所示。

图7-4

RAW图片是一种未经压缩或处理的图像格式，它捕捉了摄像机感应器中的所有数据，包括颜色、亮度和曝光度。与JPEG等其他图像格式不同，它不会进行任何图像处理或压缩，因此可以提供更高的图像质量和更大的灵活性。

4. 单人调整

多人场景下在完成整体人像美化后，可以通过单人调整工具精细调整单人效果，选择需要调整的人脸并拖动相应效果滑块即可。单人模式下的任何效果仅针对单人，批量同步时也支持将单人调整效果同步至其他图片中的同一人物中。“单人”下各滑块也会继承性别或年龄中历史操作效果滑块数值，如图7-5所示。

图7-5

7.2 人像修图

《像素蛋糕》的人像修图功能可以大大提高人像照片的质量和效果，它可以智能识别人像，对人像进行一键美颜、磨皮、液化等操作，使人像更加美观、立体、生动。

7.2.1 实战应用：祛除瑕疵

《像素蛋糕》提供多种皮肤瑕疵祛除功能，如斑点痘印瑕疵、皮肤纹理皱纹瑕疵、双下巴祛除、祛油光等。

1. 祛斑祛痘

《像素蛋糕》利用中性灰原理全面祛斑祛痘，达到自然、逼真、不留痕迹的效果，具体操作如下。

▶01 单击“上传”按钮■，在弹出的菜单中选择“导入图片”选项，打开相关素材中的“祛斑祛痘.jpg”素材，如图7-6所示。

▶02 执行操作后，打开界面右侧“人像美化”|“祛除瑕疵”工具栏，并按住鼠标左键拖动“祛斑祛痘”滑块至70左右，松开鼠标左键即可，如图7-7所示。

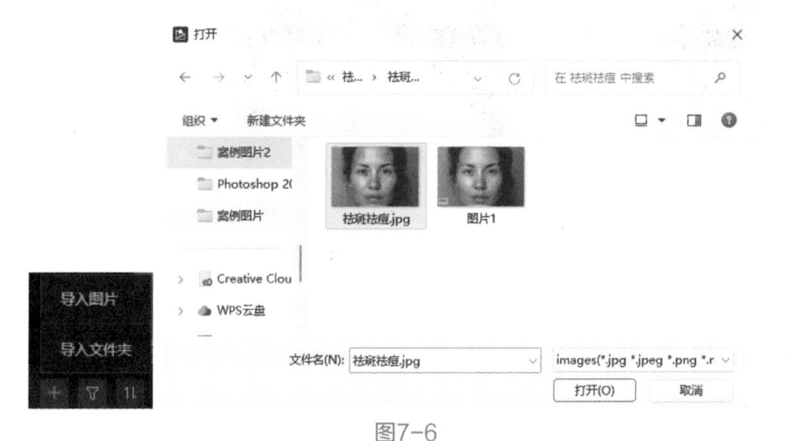

图7-6

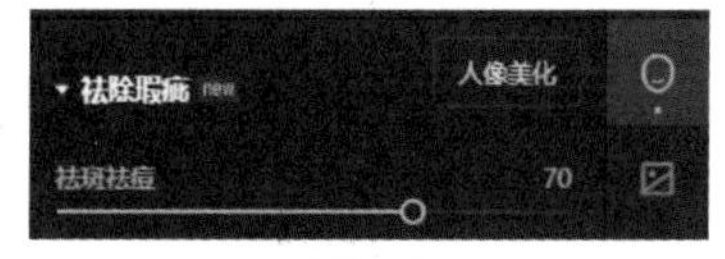

图7-7

▶03 执行操作后，预览部分会出现最终生成效果，如图7-8所示。

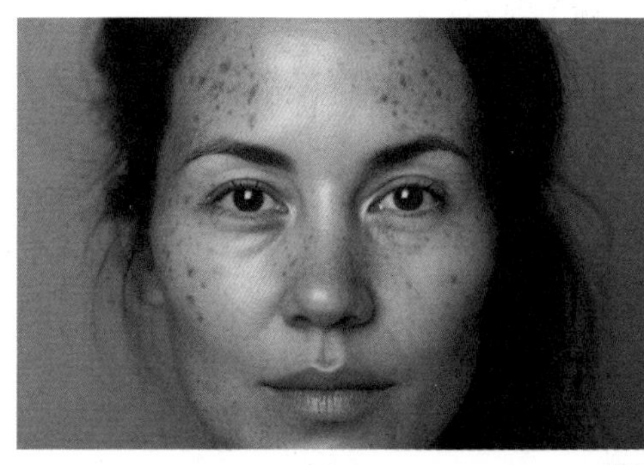

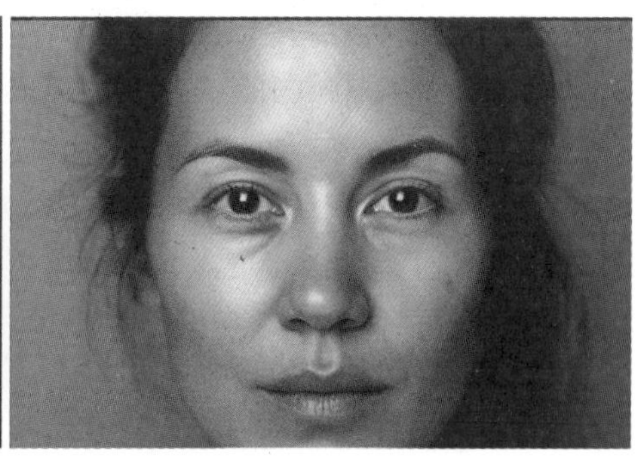

图7-8

2. AI祛除各种瑕疵

在《像素蛋糕》右侧“祛除瑕疵”的工具栏中有祛除各种瑕疵的工具，具体操作方法参考“祛斑祛痘”方法即可。

（1）祛抬头纹。主要针对前额部位皮肤上的细纹或皱纹进行调整，生成效果如图7-9所示。

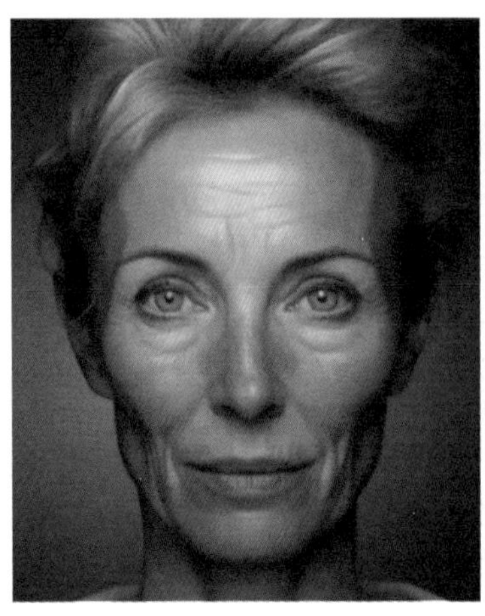
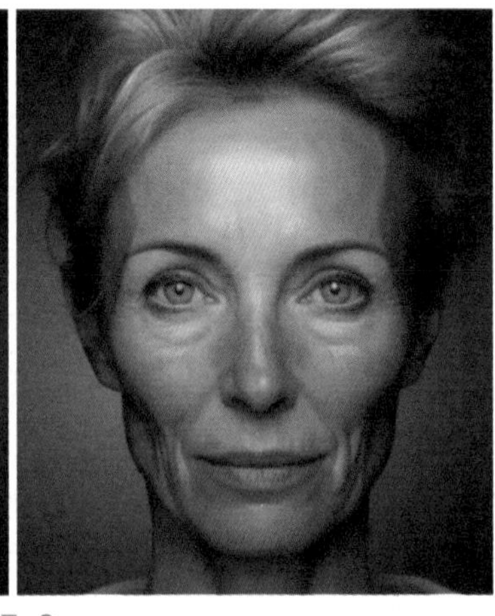

图7-9

（2）祛眼周纹。主要针对眼睛周围的细纹或皱纹进行调整，生成效果如图7-10所示。

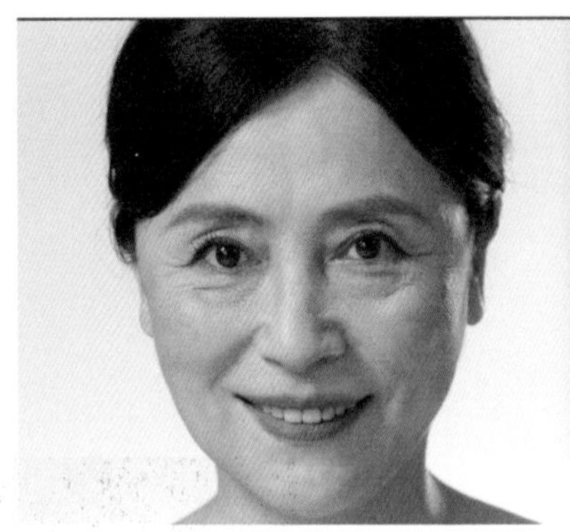

图7-10

（3）祛法令纹。主要针对鼻翼两侧向下延伸至口角的纹路进行调整，生成效果如图7-11所示。

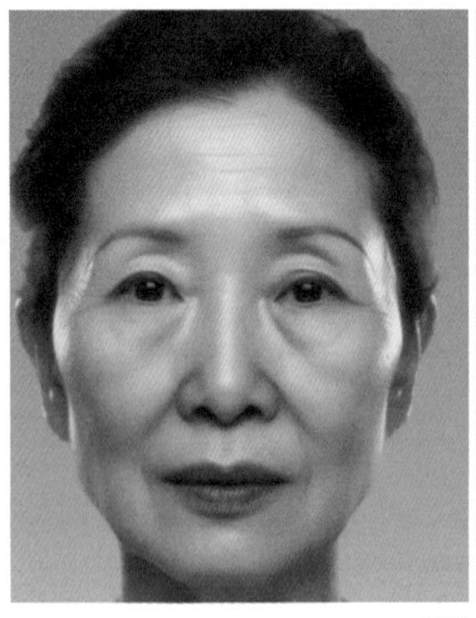
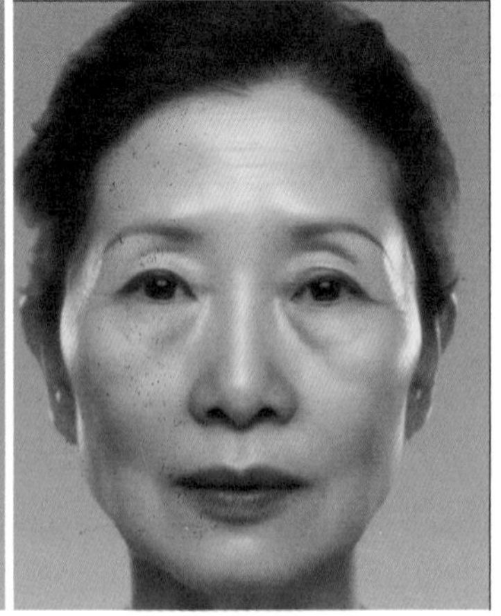

图7-11

（4）祛颈纹。主要针对颈部皮肤上的细纹或皱纹进行调整，生成效果如图7-12所示。

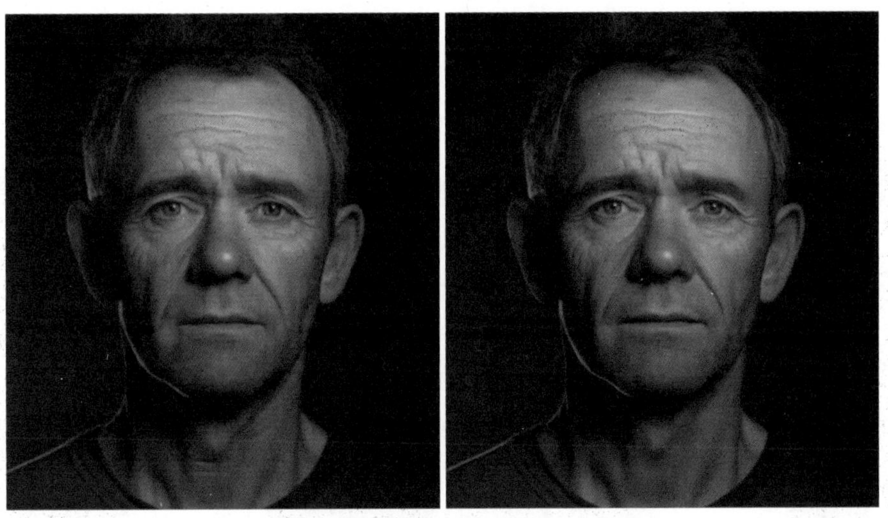

图7-12

（5）祛妊娠纹。主要针对孕产妇经常出现的一道道索纹状疤痕形的皮肤伤害进行调整，主要部位为下腹部、大腿、臀部、胸部或背部，生成效果如图7-13所示。

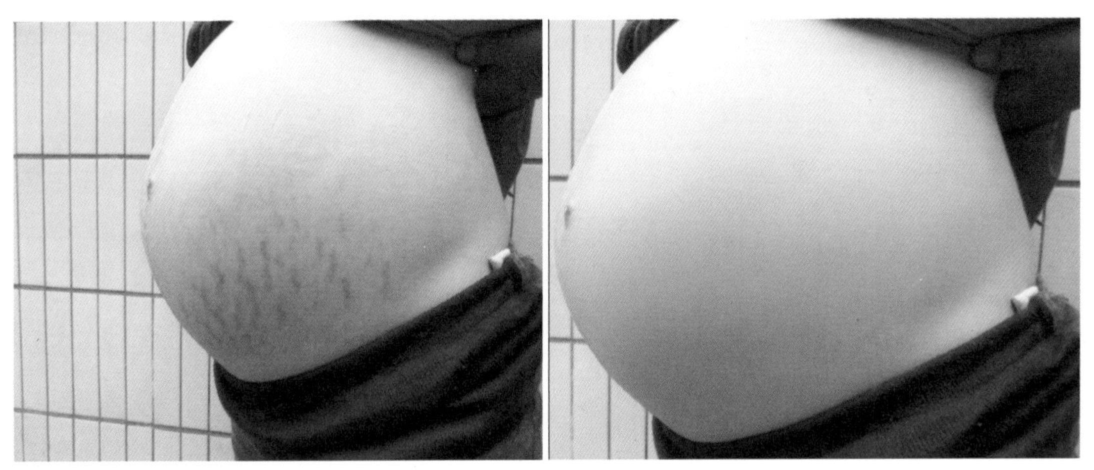

图7-13

（6）祛痣。主要针对脸上或身体上的痣点，只需一键开启开关祛痣处理即可。对于想要保留的部分痣点支持使用涂抹笔还原修复，生成效果如图7-14所示。

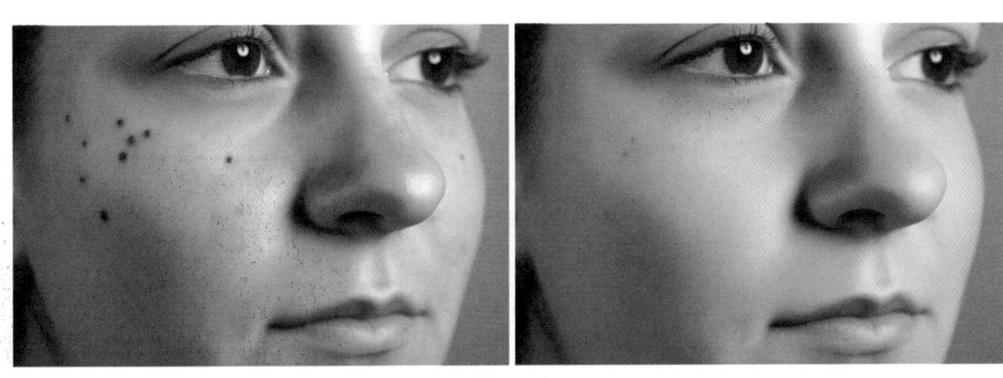

图7-14

（7）祛油光。《像素蛋糕》可以精准识别面部油光区域，调节油光亮部皮肤，可以保留原始皮肤质感和立体感，生成效果如图7-15所示。

图7-15

7.2.2 实战应用：皮肤调整

《像素蛋糕》在皮肤调整上也提供了多样的调整工具，包括利用中性灰原理质感磨皮、皮肤调整等。

1. 质感磨皮

《像素蛋糕》利用双曲线原理，以AI算法方式实现面部光影平整达到质感磨皮的效果，保留皮肤的质感、毛孔、颗粒感以及光影层次和立体感，达到商业级中性灰磨皮效果。

▶01 单击“上传”按钮，在弹出的菜单中选择“导入图片”选项，打开相关素材中的“质感磨皮.jpg”素材，如图7-16所示。

▶02 执行操作后，打开界面右侧“人像美化”|“皮肤调整”工具栏，并按住鼠标左键拖动“质感磨皮（中性灰）”滑块至80左右，松开鼠标左键即可，如图7-17所示。

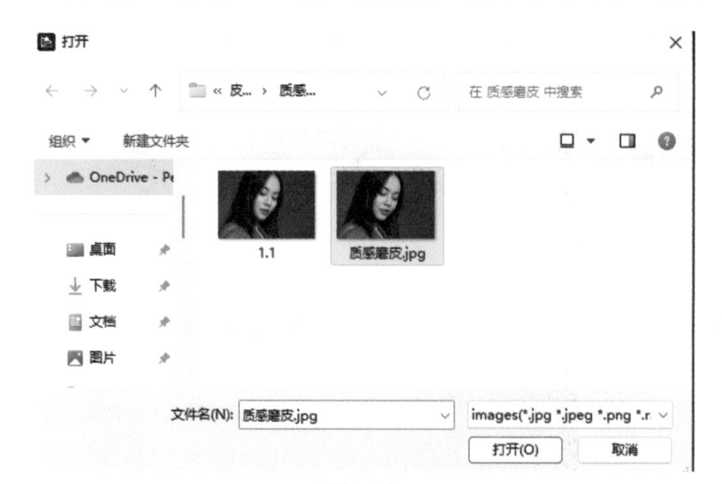

图7-16

图7-17

▶03 执行操作后，预览部分会出现最终生成效果，如图7-18所示。

图7-18

2. AI皮肤调整

利用《像素蛋糕》可以进行皮肤调整，包括肤色透亮、肤色美白、肤色统一等。具体操作流程参考“质感磨皮”方法即可。

（1）肤色透亮。针对光线或肤色问题导致的皮肤暗沉，肤色透亮可以改善人物肤色的外观，使肤色看起来更加明亮、透明和光滑，生成效果如图7-19所示。

图7-19

（2）肤色美白。调整全身肤色的亮度和白度，使皮肤向冷白皮颜色调整，生成效果如图7-20所示。

（3）肤色统一。通过AI智能均匀肤色，改善原片的身体/脸部肤色差异、身体肤色不均问题，生成效果如图7-21所示。

图7-20

图7-21

（4）皮肤红润。增加全身皮肤的红润程度，使皮肤更加健康红润，生成效果如图7-22所示。

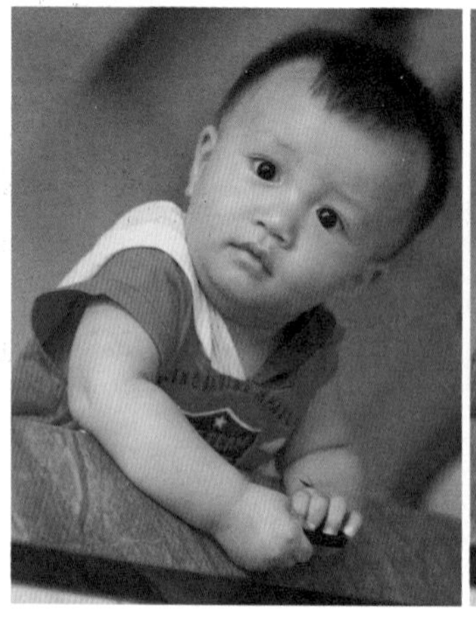 

图7-22

（5）肤色选择。《像素蛋糕》提供五种肤色，可自由选择一键切换肤色，五种肤色分别为瓷白色、粉白色、冷白色、暖白色、暖黑色，同时支持通过滑块进行程度调节，如图7-23所示。

图7-23

7.2.3 实战应用：面部重塑

面部重塑指的是利用人工智能技术对照片或图像中的人物面部进行修改，以改善外貌、美化特征或实现其他审美调整。

1. 发际线

当照片中的人物发际线显得较为靠后时，《像素蛋糕》可以尝试通过拉伸或修复图像，使发际线看起来更加自然。

▶01 单击“上传”按钮，在弹出的菜单中选择“导入图片”选项，打开相关素材中的“发际线.jpg”素材，如图7-24所示。

▶02 执行操作后，打开界面右侧“人像美化”|“发际线”工具栏，并按住鼠标左键向左拖动“发际线”滑块至-80左右，松开鼠标左键即可，如图7-25所示。可根据用户需要，向左或向右拖动，以提高或降低发际线的高度。

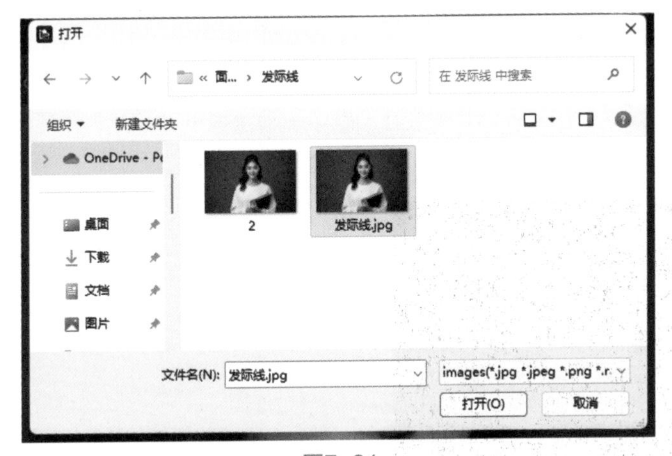

图7-24

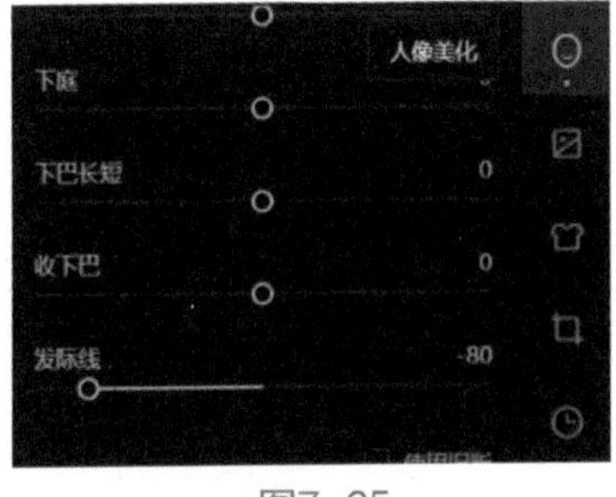

图7-25

▶03 拖动滑块调整发际线的强弱程度，生成效果如图7-26所示。

图7-26

2. AI面部重塑

利用《像素蛋糕》可以进行面部重塑，包括小脸、脸型调整、面部比例调整等。具体操作流程参考“发际线”方法即可。

（1）脸型。通过拉动瘦脸、太阳穴、颧骨、下颌等滑块，调整面部的轮廓，使脸部线条更加流畅。拖动滑块向左起到收缩向内效果，拖动滑块向右起到向外拉伸效果。也可以单击中间的链接按钮解锁左右联动调整，从而达到面部左右精细塑形效果，如图7-27所示。生成效果如图7-28所示。

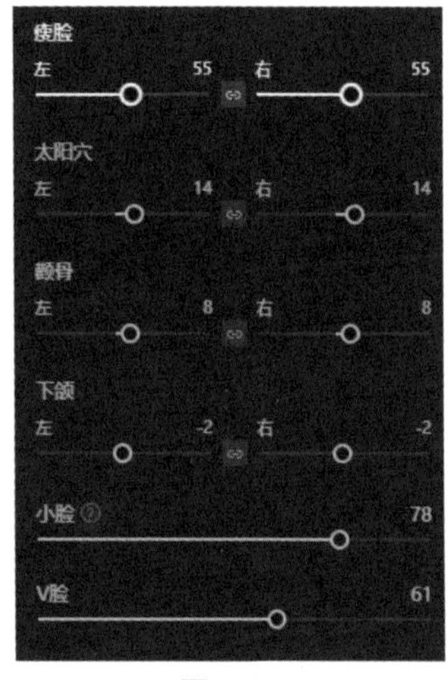

图7-27

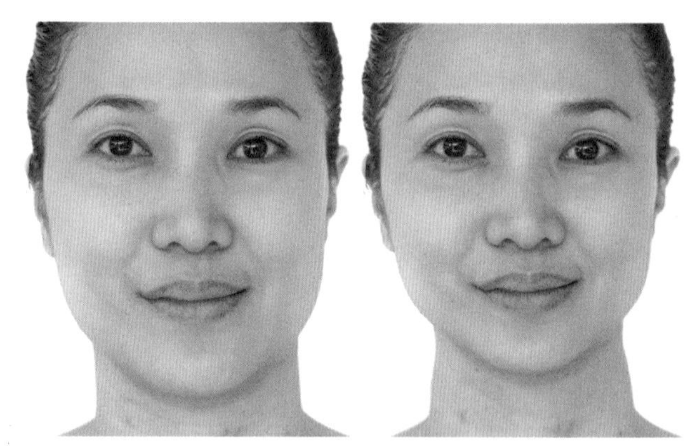

图7-28

（2）面部比例调整。可以对人中、中庭、下庭及下巴长短进行调整，拖动滑块可以调节具体部位长短，如图7-29所示，让五官更加协调和谐，自然微调面部比例，打造精致脸庞，生成效果如图7-30所示。

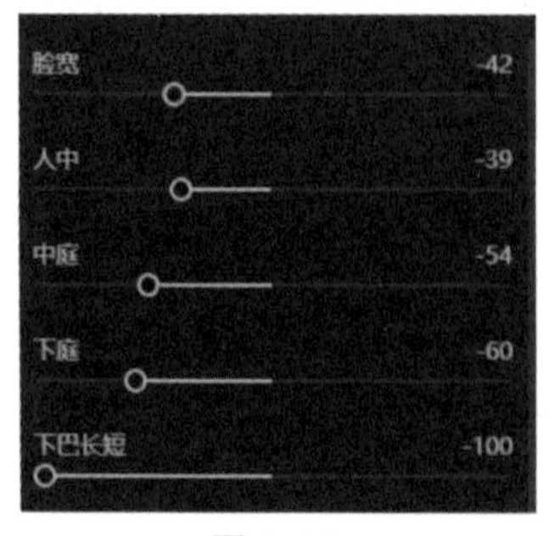

图7-29

图7-30

（3）收下巴。根据原本的下巴形状向左拖动滑块缩短下巴，向右拖动滑块拉长下巴，如图7-31所示。与“下巴长短”功能效果不同，“收下巴”的作用范围比较小，正向可以把圆下巴、方下巴往尖下巴调整，呈“v”字形拉长下巴，如图7-32所示。

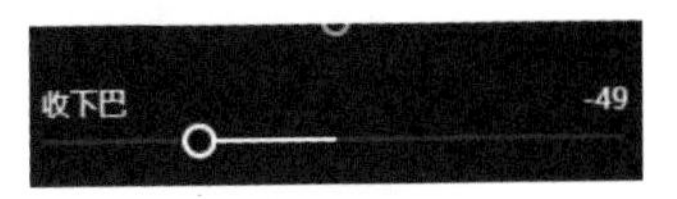

图7-31

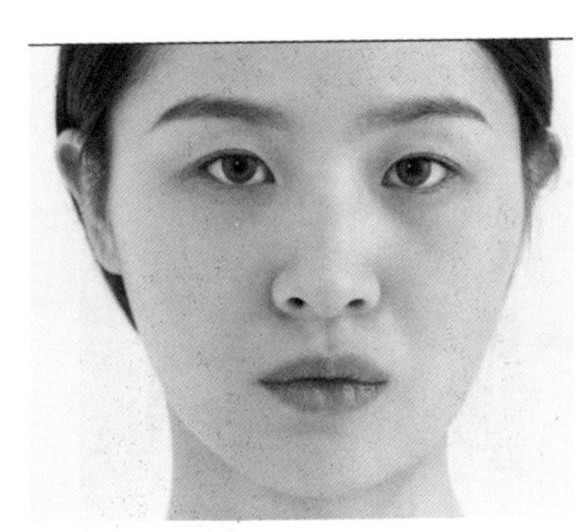
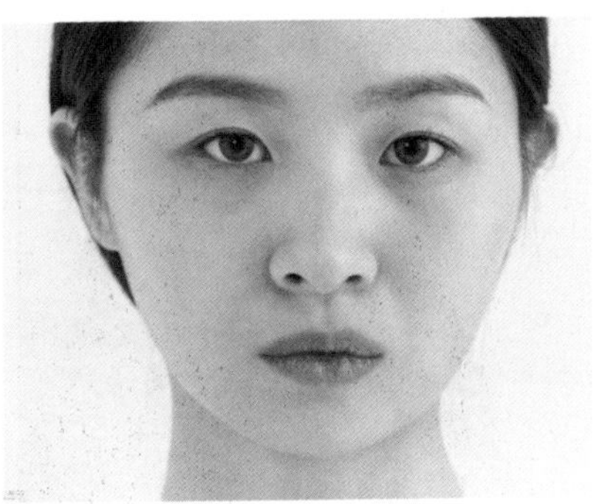

图7-32

7.2.4 实战应用：妆容调整

妆容调整指的是通过人工智能技术对照片中人物的化妆效果进行修改，《像素蛋糕》允许用户在不实际化妆的情况下，在照片中调整和美化人物的妆容，包括但不限于以下几方面。

1. 唇妆调整

唇妆调整可以更改唇色，甚至是增强或减淡嘴唇的颜色。

▶01 单击“上传”按钮，在弹出的菜单中选择“导入图片”选项，打开相关素材中的“唇妆.jpg”素材，如图7-33所示。

▶02 执行操作后，打开界面右侧“人像美化”|“妆容调整”工具栏，单击“口红”按钮并在其中选择想要的口红色号，如图7-34所示。

▶03 通过拖动“唇妆增强”滑块，加深或减淡嘴唇颜色，生成效果如图7-35所示。

提示 在每个口红色调下面都会有一个控制口红浓度的滑块，通过拖动滑块，也可以达到增强或减弱口红颜色浓度的目的。

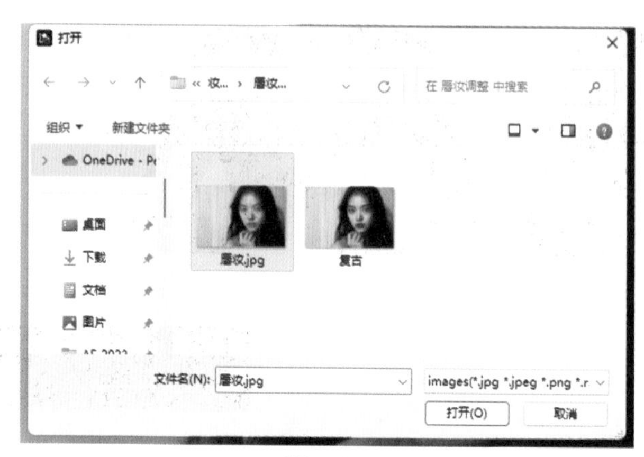

图7-33

图7-34

图7-35

2. AI妆容调整

利用《像素蛋糕》进行妆容调整，包括眼妆、眉毛、美瞳、腮红等，具体操作流程参考“唇妆调整”方法即可。

（1）眼妆调整。可以调整眼影的颜色、眼线的粗细和形状，以及睫毛的浓密度等。眼妆提供六种效果，选择效果后可拖动滑块调整效果程度，图7-36所示为原图，图7-37所示为生成效果图。

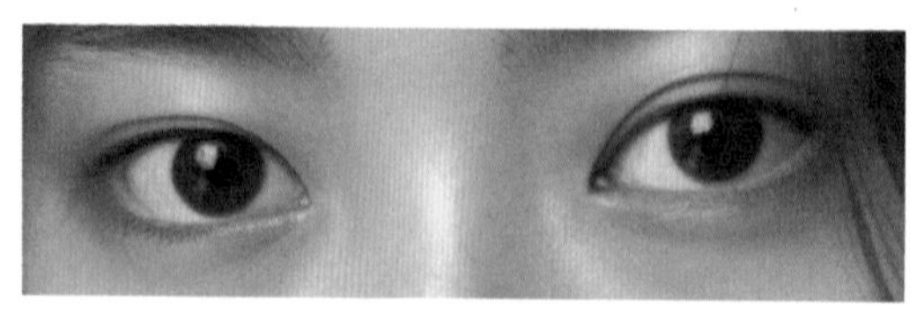

图7-36

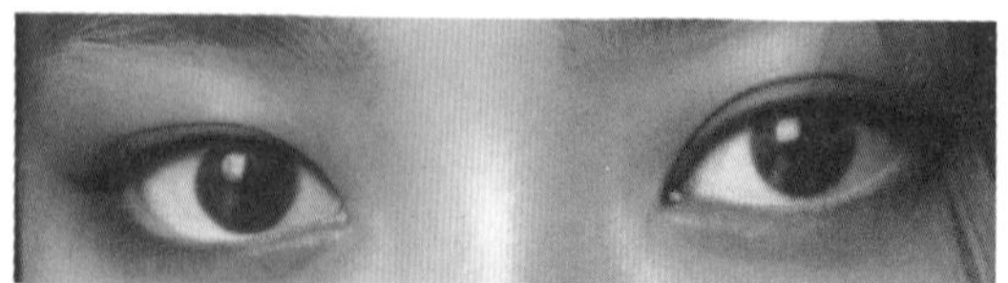

图7-37

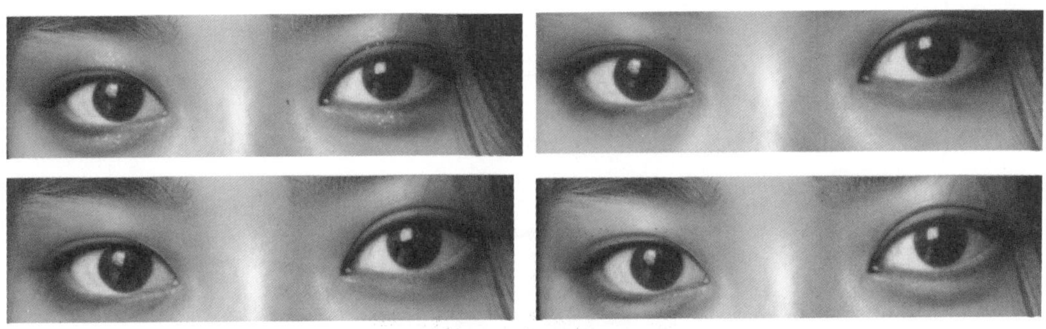

图7-37（续）

（2）腮红和修容。可以增加或减少腮红的浓淡。腮红提供七种效果，选择效果后可拖动滑块调整效果程度，如图7-38所示，生成效果如图7-39所示。

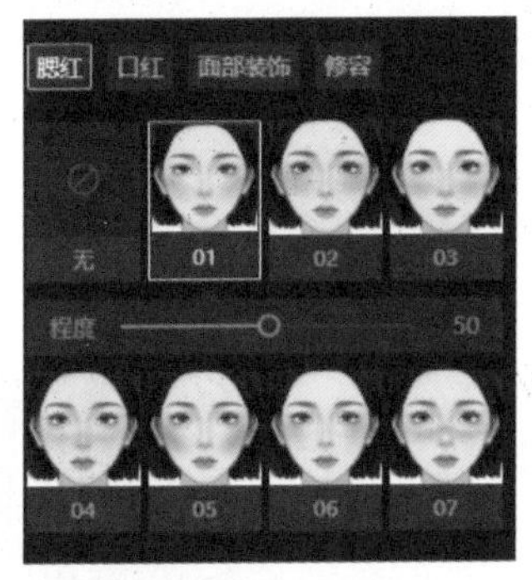

图7-38

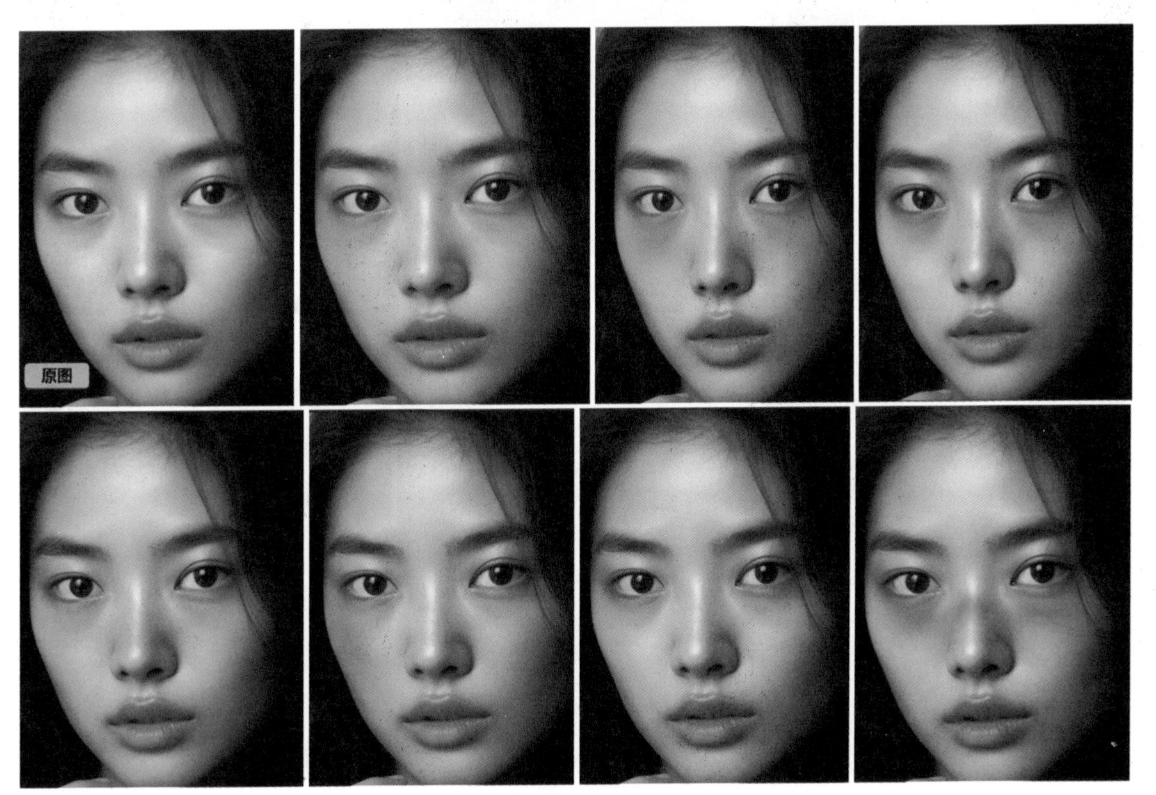

图7-39

（3）眉毛形状。可以改变眉毛的形状和浓密度。眉毛目前提供八种效果供选择，选择具体效果后可拖动滑块调整效果程度，如图7-40所示，生成效果如图7-41所示。

（4）美瞳效果。一些软件可能还提供美瞳效果，改变瞳孔颜色或增加眼睛的亮度，图7-42所示为原图。美瞳提供六种效果：01自然棕、02有神黑、03温柔灰棕、04粉紫月牙、05绿棕、06混血蓝，如图7-43所示，选择效果后可拖动滑块调整效果程度。

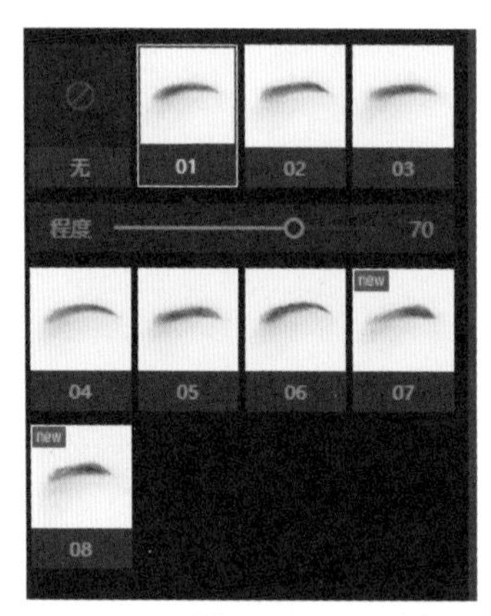

图7-40

图7-41

图7-41（续）

图7-42

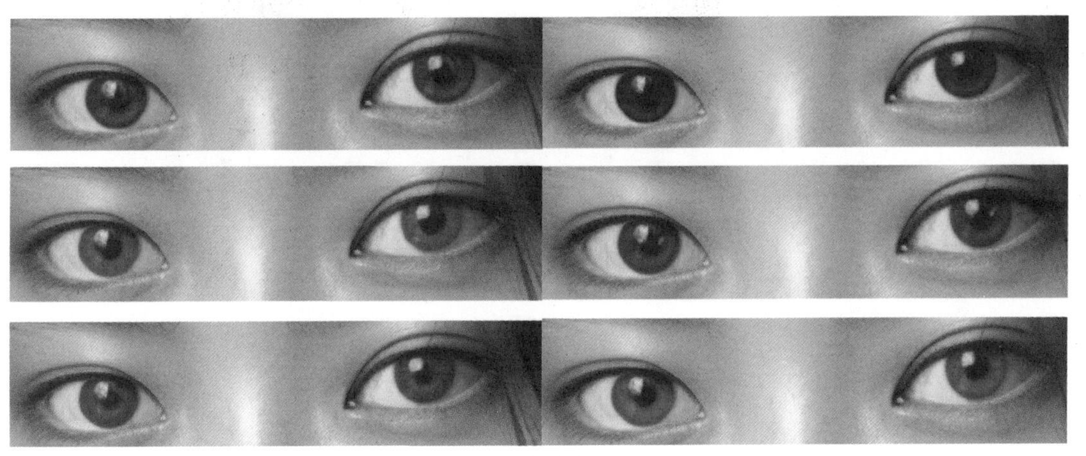

图7-43

7.2.5 实战应用：头发调整

头发调整指的是通过人工智能技术对照片中人物的头发进行修改，以改善头发的外形。

1. 发缝填充

发缝填充指的是填充或修复头发之间的缝隙，使发型看起来更加连贯和自然。这个功能主要用于处理头发边缘或发际线不完整或不均匀的情况。

▶01 单击“上传”按钮 ，在弹出的菜单中选择“导入图片”选项，打开相关素材中的“发缝填充.jpg”素材，如图7-44所示。

▶02 执行操作后，打开界面右侧“人像美化”|“头发调整”工具栏，向右边拖动“发缝填充”滑块，如图7-45所示。

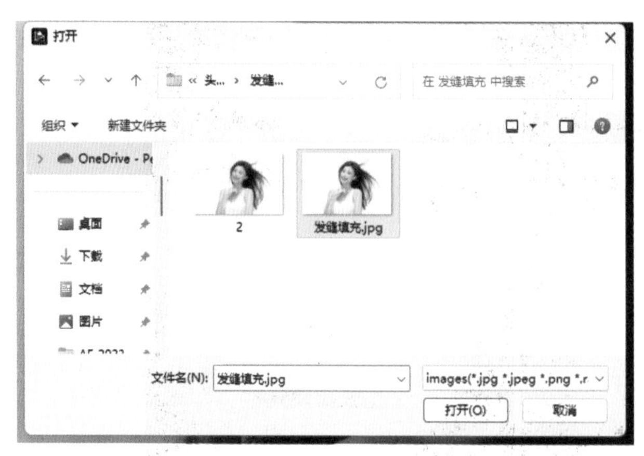

图7-44

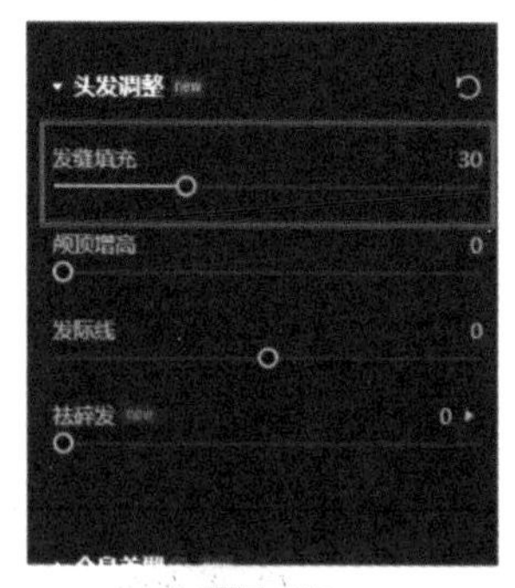

图7-45

▶03 通过拖动滑块，对发缝、额角、发际线、鬓角等稀疏的区域进行填补，生成效果如图7-46所示。

图7-46

2. 颅顶增高

颅顶增高指改变头部的外观，使颅顶看起来更高或更加丰满。这种功能主要用于美化头部轮廓，调整发际线或改善头部比例，具体操作流程参考“发缝填充”方法即可，生成效果如图7-47所示。

图7-47

7.2.6 全身美型

全身美型指对照片中人物的整体身形进行修改，以实现全身美化效果。这种功能的目的是改善身形比例，强调或调整身体的某些特征，以满足个人审美标准。

《像素蛋糕》目前支持针对身形部位进行精细调整，如AI塑形、瘦身、增高、小头、瘦脖子、瘦手臂、丰胸、瘦腰、美臀、瘦腿及长腿功能。目前AI塑形、瘦身、瘦手臂、丰胸支持双向调整，如图7-48所示。

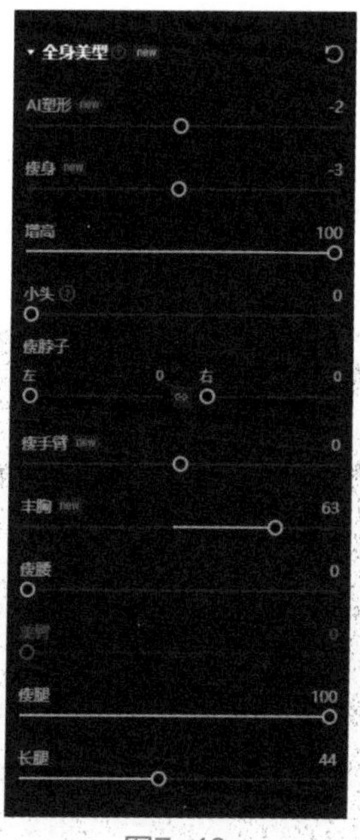

图7-48

全身美型3D骨骼点定位技术，结合用户体态姿态，自动匹配美型方案，细化调整区域，在保持用户形体自然的情况下，实现微整形级别纤细或丰满效果。拖动滑块向左，身型向外膨胀，使得身型更加丰满，拖动滑块向右，身型向内液化，使得身型更加纤细，生成效果如图7-49所示。

图7-49

7.3 调色模式

在AI修图软件中，调色模式通常指的是对照片或图像中的色彩进行调整的一种模式或功能，包括对图像的色调、饱和度、亮度等进行修改，以改变图像的整体色彩效果。

7.3.1 直方图

直方图是一种图形工具，用于显示图像的亮度级别和像素数量的分布情况。直方图以横轴表示亮度级别，从纯黑色（0）到纯白色（255），纵轴表示对应亮度级别的像素数量。通过观察直方图，您可以了解图像中不同亮度级别的像素分布情况，从而更好地调整图像的亮度、对比度和色彩，如图7-50所示。

图7-50

7.3.2 滤镜

滤镜（Filter）是图像处理中常用的一种技术，它可以改变图像的外观、色彩、对比度等方面，从而产生不同的视觉效果。滤镜通常作为图像处理软件或应用程序中的功能之一，用户可以选择应用各种不同的滤镜效果来改变照片或图像。

《像素蛋糕》官方提供40多款调色滤镜，可以直接应用到图片上，滤镜强度可通过滑块进行调节，如图7-51所示。

图7-51

7.3.3 实战应用：白平衡

白平衡（White Balance）是摄影和图像处理中的一个重要概念，它用于调整图像中的颜色温度，使白色看起来真实而不受光源色温的影响。白平衡的目的是消除图像中可能由不同光源引起的色彩偏差，以使图像看起来更自然和真实。

1. 调节白平衡

不同的光线有不同的颜色，例如拍一位皮肤白净的美女，在阳光下她的脸显示为橘红色，在大白天又显示为蓝色，这显然不是正常的肤色，为了还原她白净的皮肤，就要调整白平衡。

▶01 单击“上传”按钮[+]，在弹出的菜单中选择“导入图片”选项，打开相关素材中的“白平衡.jpg”素材，如图7-52所示。

▶02 执行操作后，打开界面右侧“色彩调节”|“白平衡”工具栏，拖动“色温”和“色调”滑块即可调节图片的白平衡，如图7-53所示。

图7-52

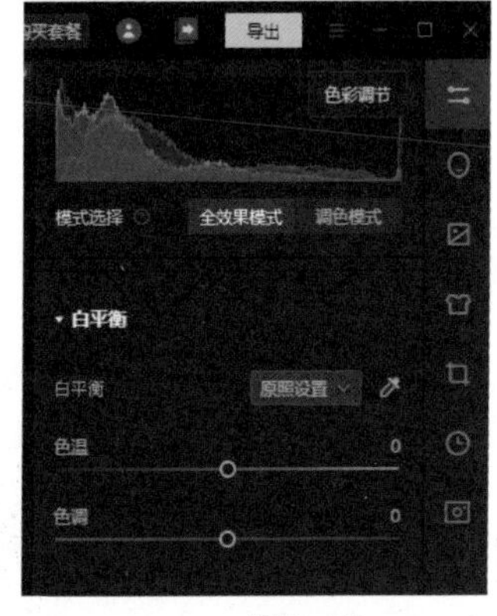

图7-53

▶03 拖动“色温”和“色调”滑块到合适的数字（案例图中的色温为-49，色调为-70），最终生成效果如图7-54所示（左侧为调节前，右侧为调节后）。

图7-54

2. 自动白平衡

自动白平衡能自动补正由照亮主体的光产生的偏色。它对颜色进行补正，使白色物体以白色显示，从而让整体颜色更加接近于眼睛看到的颜色。

▶01 单击“上传”按钮[+]，在弹出的菜单中选择“导入图片”选项，打开相关素材中的“自动白平衡.jpg”素材，如图7-55所示。

▶02 执行操作后，打开界面右侧“色彩调节”|“白平衡”工具栏，单击“原照设置”下拉按钮，在下拉列表中选择“自动”选项即可，如图7-56所示。

▶03 执行操作后，最终效果如图7-57所示（左侧为调节前，右侧为调节后）。

图7-55

图7-56

图7-57

3. 白平衡吸管

白平衡吸管用于选择图像中的一个点作为白平衡参考点，从而校正整个图像的色温和色彩平衡。使用白平衡吸管工具时，用户可以在图像中选择一个代表中性白色或灰色的区域。通常会选择图像中白色或中性的部分，例如白色衣物、白色墙壁或中性色的灰度卡片等。当用户单击或拖动吸管工具来选择该区域时，《像素蛋糕》会分析选定区域的颜色信息，并根据该信息调整整个图像的色温和色彩平衡，使白色看起来真实且中性。

01 单击“上传”按钮，在弹出的菜单中选择“导入图片”选项，打开相关素材中的“白平衡吸管.jpg”素材，如图7-58所示。

02 执行操作后，打开界面右侧“色彩调节”|“白平衡”工具栏，单击“白平衡选择器”按钮，如图7-59所示。

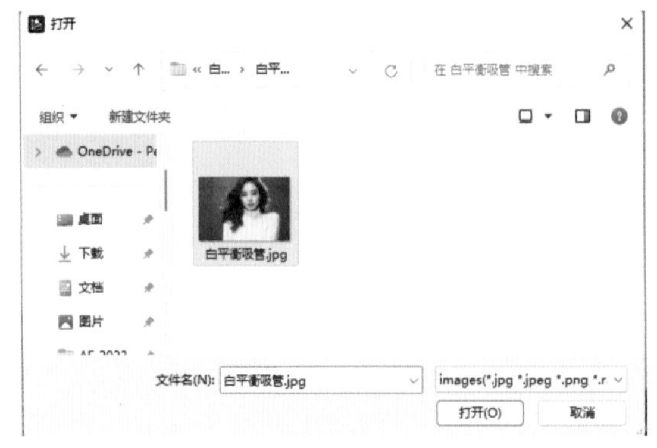

图7-58

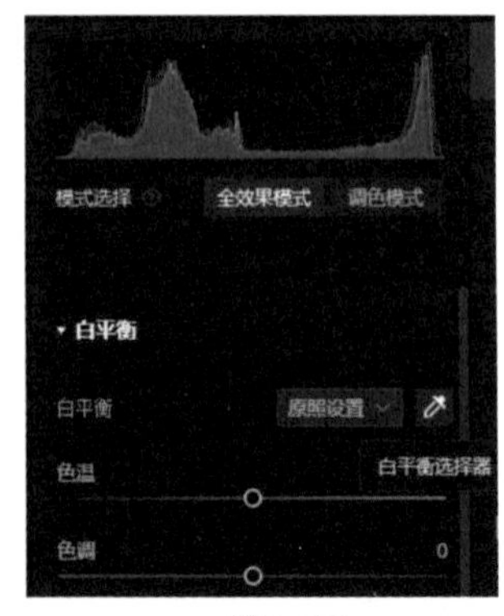

图7-59

▶03 选择需要使用白平衡吸管的区域，单击即可，如图7-60所示。

图7-60

▶04 执行操作后，《像素蛋糕》会分析选定区域的颜色信息，并根据该信息调整整个图像的色温和色彩平衡，生成效果如图7-61所示。

图7-61

7.3.4 基础知识：影调

在摄影和图像处理中，影调（Tone）通常指的是图像的明暗层次，描述了图像中各部分的明暗程度。影调直接关联到图像中的亮度和对比度，以及图像中不同区域的明暗差异，包括以下几部分，如图7-62所示。

（1）曝光。拖动“曝光”滑块调节图像的明暗度、对比度和色彩等方面，从而提升图像的视觉效果和质量。

（2）对比度。增加“对比度”可以增强图像的亮度和饱和度，使图像更加生动、鲜艳；减少“对比度”可以使图像更加柔和、细腻，同时还可以增加图像的纹理和细节。

（3）高光。图像中最亮的区域，调整“高光”可以改变图像中最亮的区域的亮度和色调。

（4）阴影。图像中最暗的区域，调整“阴影”可以改变图像中最暗的区域的亮度和色调。

（5）白色。图像中亮度最高的部分，调节“白色”可以控制图像的整体亮度和明亮度。

（6）黑色。图像中亮度最低的部分，调节“黑色”可以控制图像的整体暗度和对比度。

（7）清晰度。“清晰度”增强使图像更加鲜明、清晰，同时也可以消除图像中的模糊和不清晰现象。调低“清晰度”使图像中的细节和锐度降低，达到一种模糊、柔和的效果。

（8）鲜艳度。调节“鲜艳度”可以增强图像中颜色的饱和度和鲜艳程度，使图像看起来更加生动、明亮、有活力。降低“鲜艳度”可以使图像看起来更加柔和、自然或朴素。

（9）饱和度。通过调节“饱和度”，可以增加或减少图像中颜色的鲜艳度，从而改变图像的整体色调和色彩表现。

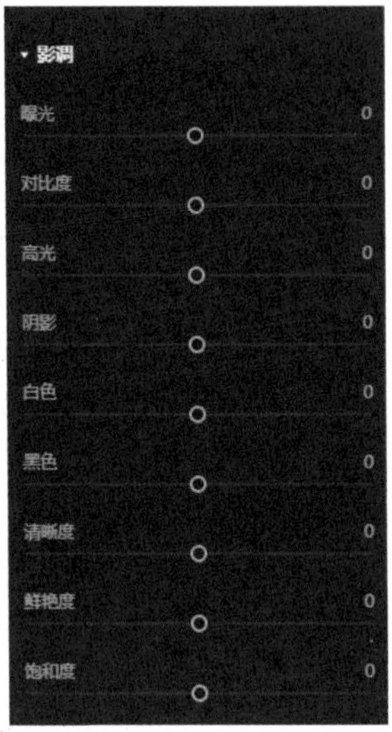

图7-62

7.3.5 基础知识：曲线

曲线用于调整图像的亮度、对比度和色彩平衡。它提供了一条可编辑的曲线，通过在曲线上添加、删除和移动控制点，可以精确地调整图像中不同亮度级别的像素值，如图7-63所示。调整曲线，可以实现对图像整体的亮度和对比度的控制，从而达到更好的色彩表现和视觉效果。 曲线功能分为参数曲线、RGB曲线两种类型。

图7-63

1. 参数曲线

参数曲线支持直接单项调整图像高光、亮调、暗调及阴影，可通过调整曲线上的控制点或直接拖动高光、亮调、暗调及阴影的滑块调整。

（1）高光。通过调整曲线中的高光参数，可以控制高光区域的明亮程度和对比度。增加高光值会使图像的明亮部分更加明亮和突出，凸显高光细节和光源效果。减少高光值则可以降低明亮区域的亮度，使其更柔和。

（2）亮调。通过调整曲线中的亮调参数，可以控制亮调区域的明暗程度和对比度。增加亮调值会使图像的阴影和暗部更加明亮，增强低亮度细节。减少亮调值则可以降低暗部的亮度，使其更加深沉和富有层次感。

（3）暗调。通过调整曲线中的暗调参数，可以控制暗调区域的明亮程度和对比度。增加暗调值会使图像的暗部更明亮，增强阴影细节。减少暗调值则可以降低暗部的亮度，使其更加深沉和富有层次感。

（4）阴影。通过调整曲线中的阴影参数，可以控制阴影区域的明亮程度和对比度。增加阴影值会使图像的阴影区域更明亮，凸显阴影细节。减少阴影值则可以增加阴影的深度和对比度，使其更加显著和突出。

2. RGB曲线

RGB曲线支持同时调整图像的红色、绿色和蓝色通道。通过调整曲线上的控制点，可以增加或减少图像中的亮度和对比度。将曲线提升可以增加图像的亮度，将曲线拉低可以降低图像的亮度。

7.3.6 基础知识：HSL

在HSL中，色相表示颜色在色轮上的位置，饱和度表示颜色的强度或纯度，明亮度则表示颜色的明暗程度。通过调整HSL值可以改变颜色的外观和感觉，实现对图像的精细调整，如图7-64所示。

图7-64

1）红色

色相：将红色的色相值向左或向右拖动，可以使其变成橙色或粉红色等不同的颜色。

饱和度：增加红色的饱和度可以使图中红色区域更加鲜艳、明亮，降低饱和度使其变得更柔和、淡化，直至变成灰色。

明亮度：增加明亮度可以使红色区域变得更亮、更明亮，减少明亮度可以使其变得更暗、更昏暗，直至变成黑色。

2）橙色

色相：将橙色的色相值向左或向右拖动，可以使其变成黄色或红色等不同的颜色。

饱和度：增加橙色的饱和度可以使橙色区域更加鲜艳、明亮，降低饱和度可以使其变得更柔和、淡化，直至变成灰色。

明亮度：增加明亮度可以使橙色区域变得更亮、更明亮，减少明亮度可以使其变得更暗、更昏暗，直至变成黑色。

3）黄色

色相：将黄色的色相值向左或向右拖动，可以使其变成绿色或橙色等不同的颜色。

饱和度：增加黄色的饱和度可以使黄色区域更加鲜艳、明亮，降低饱和度可以使其变得更柔和、淡化，直至变成灰色。

明亮度：增加明亮度可以使黄色区域变得更亮、更明亮，减少明亮度可以使其变得更暗、更昏暗，直至变成黑色。

4）绿色

色相：调整绿色的色相可以让绿色变成不同的绿色色调，例如青绿、黄绿或者蓝绿等，或者将绿色调整为相邻的颜色，如黄色或蓝色。

饱和度：增加绿色的饱和度可以让绿色更加鲜艳，减少饱和度则会使绿色更加柔和、淡雅。也可以将绿色的饱和度调整为-100，使绿色变成灰色。

明亮度：调整绿色的明亮度可以让绿色变得更加明亮或更加暗淡。增加绿色的明亮度可以使绿色更加醒目，减少明亮度则会让绿色变得更加柔和、温和。

5）浅绿色

色相：调整浅绿色色相使其更加偏向蓝色或者黄色。向左拖动色相滑块会使浅绿色更加偏向青绿色，向右拖动则会偏向蓝色。

饱和度：通过调整饱和度，可以使浅绿色更加鲜艳或者更加灰暗。增加饱和度可以使浅绿色更加鲜艳，降低饱和度则可以让浅绿色更加灰暗。

明亮度：通过调整明亮度，可以改变浅绿色的明暗程度。增加明亮度会使浅绿色变得更加明亮，降低明亮度则会使其变得更加暗淡。

6）蓝色

色相：调整蓝色的色相可以使蓝色偏向青色或者偏向紫色，从而使整个图像更具有冷暖色调的效果。

饱和度：通过调整饱和度，可以使蓝色更加鲜艳或者更加灰暗。增加饱和度可以使蓝色更加鲜艳，降低饱和度则可以让蓝色更加灰暗。

明亮度：调整明亮度可以改变蓝色的明暗程度，使其更亮或更暗。例如，增加明亮度可以使蓝色更明亮，而降低明亮度可以使蓝色更暗淡。

7）紫色

色相：调整紫色的色相，使紫色变为不同的紫色调，如蓝紫色、红紫色等。

饱和度：通过调整饱和度，可以使紫色更加鲜艳或者更加灰暗。提高饱和度可以让紫色更加鲜艳、鲜明，降低饱和度则会让紫色变得更加柔和、灰暗。

明亮度：调整紫色明亮度使图像中紫色部分变得更亮或者更暗。提高明亮度可以让紫色看起来更加明亮、清新，降低明亮度则会让紫色变得更加暗淡、低沉。

8）洋红色

色相：改变洋红色的色相，可以使其偏向红色或蓝色。

饱和度：降低洋红色的饱和度会使其更接近灰色，增加饱和度则会使其更加鲜艳。

明亮度：调整洋红色明亮度使图像中洋红色部分变得更亮或者更暗。提高明亮度可以让洋红色看起来更加明亮、清新，而降低明亮度则会让洋红色变得更加暗淡。

7.3.7 基础知识：细节

拖动“锐化”滑块可以增强图像的细节和清晰度，使得图像看起来更加清晰，如图7-65所示，AI生成效果如图7-66所示。

图7-65

锐化-半径：通过调整锐化中的“半径”参数确定锐化作用范围大小。

锐化-细节：调整锐化中的“细节”参数控制锐化滤镜应该如何增强图像细节，较高的细节值将更多地保留较小的细节，较低的细节值则可能减少锐化的效果。

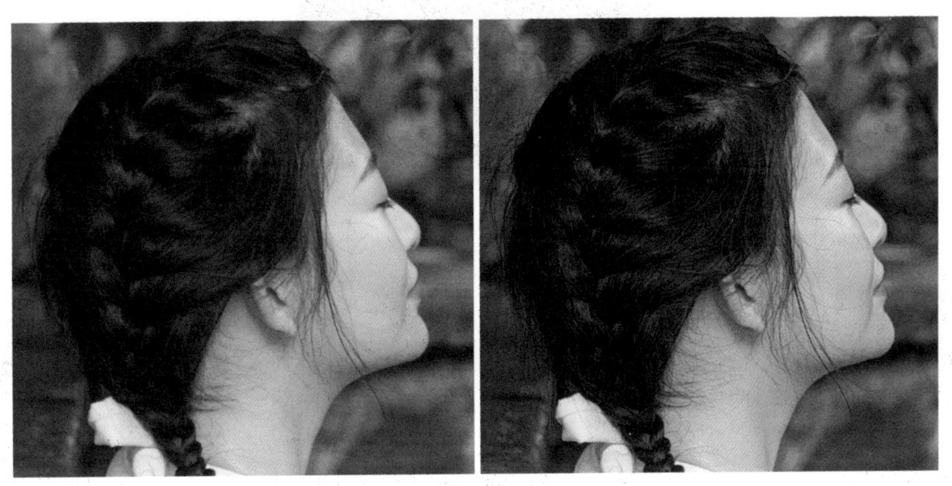

图7-66

1）噪点消除

拖动“噪点消除”滑块对图像去除噪点，并通过调整噪点等选项来达到更好的降噪效果，使图像更加清晰和真实。

噪点消除-细节：当图像中噪点较多且比较明显时，可以选择较高的细节值以达到更好的噪点消除效果；当噪点较少或者想要保留更多的细节时，可以选择较低的细节值。

噪点消除-对比度：可以通过调整噪点对比度使噪点与周围图像更加融合，从而减少噪点的显著性。

2）减少杂色

拖动“减少杂色”滑块去除图像中的色彩杂乱部分，使图像更加清晰、干净。

减少杂色-细节：控制杂色阈值。值越高，边缘越能保持得更细、颜色细节更多，但可能会产生色斑。值越低，越能消除色斑，但可能会产生颜色溢出。

减少杂色-平滑度：控制颜色过渡，适用于彩色杂色较多的照片，数值越高，色度噪点的颜色过渡会越顺畅，平滑度越高，噪点也会更容易被消除，但细节会有所流失。

7.3.8 基础知识：颗粒

拖动“颗粒”滑块为图像添加颗粒质感，支持根据高光阴影不同选区控制颗粒强度。结合颗粒大小、粗糙度等调整颗粒精细效果。为图像赋予不同的情绪与风格，使作品更具吸引力，如图7-67所示，生成效果如图7-68所示。

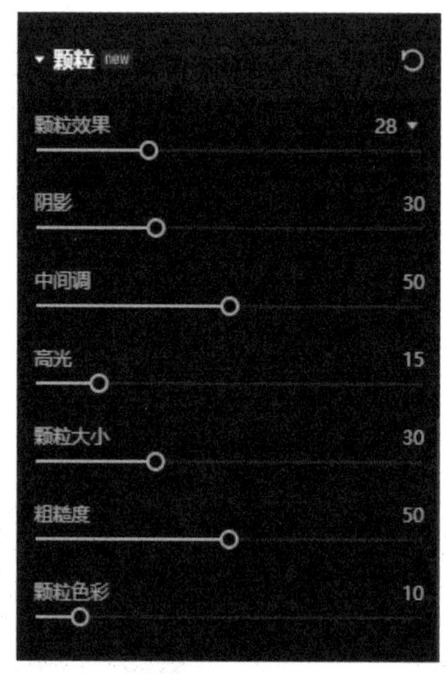

图7-67

图7-68

(1) 颗粒效果。拖动滑块控制颗粒的整体强度。
(2) 阴影。拖动滑块控制阴影选区的颗粒效果强度。
(3) 中间调。拖动滑块控制中间调选区的颗粒效果强度。
(4) 高光。拖动滑块控制高光选区的颗粒效果强度。
(5) 颗粒大小。拖动滑块调整颗粒大小。
(6) 粗糙度。拖动滑块控制颗粒的细腻程度。
(7) 颗粒色彩。拖动滑块控制颗粒中彩色噪点的强度。

7.3.9 基础知识：校准

通过三原色色相、饱和度调整将图像中的颜色偏差进行校准，使其更加准确和真实，生成效果如图7-69所示。

图7-69

1）红原色

调整色相：将滑块向左或向右拖动，可以调整红原色的色相，使其更加接近期望的色调。

调整饱和度：如果红色过于饱和，则需要将饱和度向左调整，如果不够饱和，则需要将饱和度向右调整。

2）绿原色

绿原色色相：将滑块向左或向右拖动，可以调整绿色的色相，使其更加接近期望的色调。

绿原色饱和度：通过调整绿色的饱和度，使其更加浓郁或柔和。

3）蓝原色

蓝原色色相：将滑块向左或向右拖动，可以调整绿色的色相，使其更加接近期望的色调。

蓝原色饱和度：通过调整蓝原色的饱和度使其更加浓郁或柔和，适度的饱和度可以让蓝色更加鲜艳，过高的饱和度可能会让蓝色失真。

7.3.10 基础知识：颜色分级

颜色分级将图片分为高光、阴影及中间调三部分，针对三个不同位置单独给予色彩调整，也支持在全局模式下调整偏色，以达到照片风格化的调整。选择需要调整的部分，拖动圆点调整颜色，小圆点越靠近中心，色彩饱和度越低，小圆点越靠近外围，色彩饱和度越高，如图7-70所示。

混合：颜色交接处的平滑程度，混合程度越高，不同的颜色过渡会更加自然。

平衡：指高光和阴影区域占比，数值越大高光占比越高，高光偏色影响更大；数值越小阴影占比越高，阴影偏色影响更大。

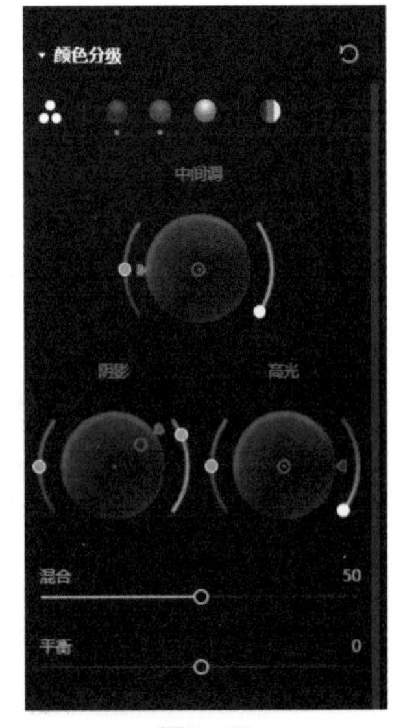

图7-70

7.3.11 基础知识：镜头调整

镜头调整主要用于矫正或修正图像中出现的镜头畸变、色差、变形等问题，如图7-71所示，生成效果如图7-72所示。

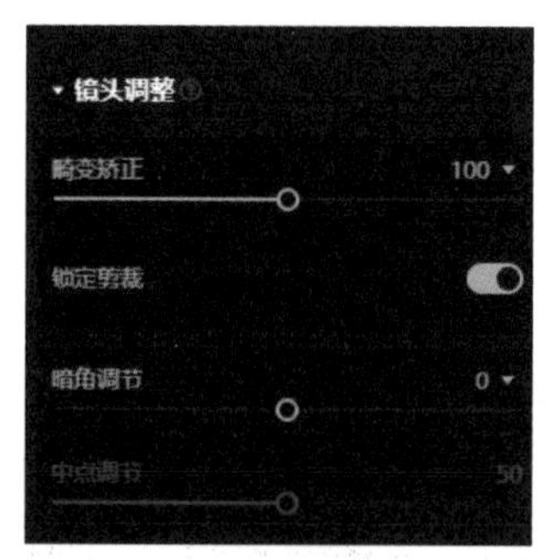

图7-71

图7-72

7.3.12 实战应用：如何使用《像素蛋糕》调出日系小清新摄影风格

日系小清新摄影风格近年很流行，成为女性摄影和儿童摄影的热门拍摄风格。照片看起来色彩清雅，人物神态自然，让人不禁联想到日常生活中一幕幕具有美感的瞬间。那么是什么元素组成了日系风格？下面通过实际案例详细讲解。

01 单击“上传”按钮，在弹出的菜单中选择“导入图片”选项，打开相关素材中的“日系小清新.jpg”素材，如图7-73所示。

02 可以看到图中人物明亮度较低，要想修出清新的感觉，明亮度必须整体提高。打开“色彩调节”|“影调”工具栏，拖动“曝光”滑块来达到调节曝光的效果，如图7-74所示。调节完曝光的效果如图7-75所示。

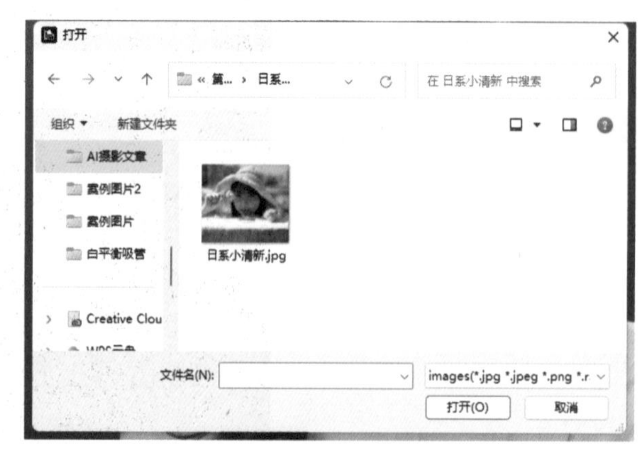

图7-73

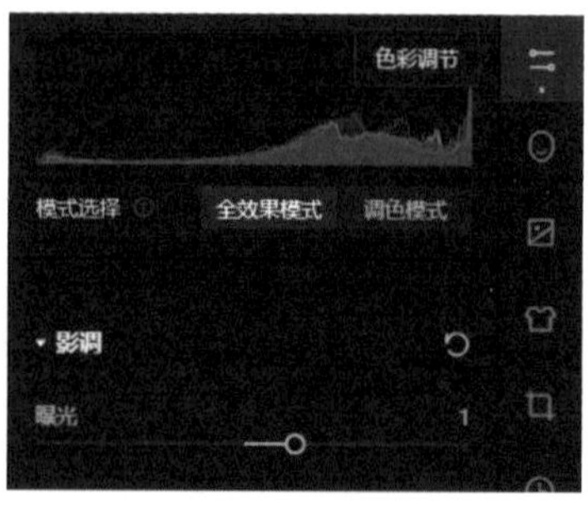

图7-74

图7-75

▶03 向左拖动“高光”滑块，降低图片整体高光，降低高光是因为画面高光过曝，容易造成细节的丢失，如图7-76所示。

图7-76

▶04 分别向右和向左拖动“白色”和“黑色”滑块，调节一点白色和黑色，使图片人物细节更加清晰、明亮，如图7-77所示。

图7-77

▶05 调节完影调工具后，打开“色彩调节”|HSL工具栏，为图片整体调色，如图7-78所示。

▶06 主要调节图中人物的嘴唇和肤色，所以需要向右拖动“红色”和“橙色”滑块，使图中人物的肤色更贴近黄色，嘴唇颜色也随之减淡，如图7-79所示。

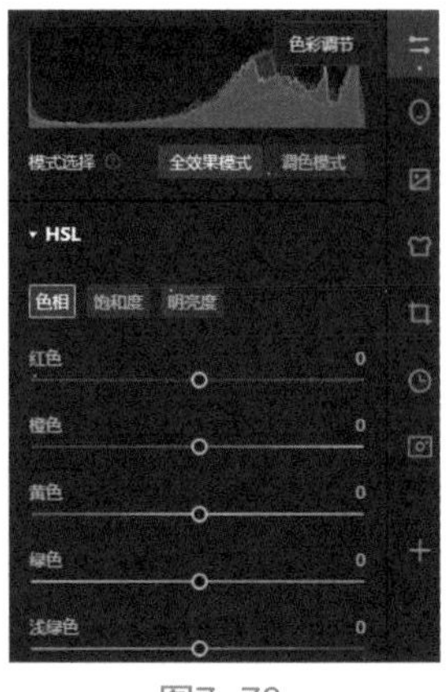

图7-78

图7-79

▶07 调节完红色和橙色后，可以看到图片有一点日系小清新的感觉，然后再调节一点蓝色，使画面整体偏冷色调，如图7-80所示。

图7-80

▶08 调节完色相后，再将饱和度提升，使人物主体更加鲜明。单击“饱和度”按钮，主要提升图中红色和橙色的饱和度，如图7-81所示。

图7-81

▶09 单击“明亮度”按钮，将图片色彩明亮度提升，使调节的颜色亮度提升，如图7-82所示。

图7-82

▶10 调节完影调和HSL后，最后进行颜色分级。打开“色彩调节”|“颜色分级”工具栏，为阴影和高光都赋予色调。将色相调为211、饱和度分别调为20和10，如图7-83所示。

图7-83

▶11 单击界面右上方的“导出”按钮，选择需要导出的文件夹，一张日系小清新的图片就完成了，如图7-84所示。最终效果如图7-85所示。

图7-84

图7-85

7.3.13 实战应用：如何使用《像素蛋糕》调出复古港风摄影风格

摄影中的复古港风是受20世纪80、90年代香港电影启发的一种拍摄风格。它注重浓烈色彩和高对比度，并使用特定服装、场景和道具来重现那个时代的氛围。这种风格通常再现香港电影中的经典场景，模仿当时的灯光效果、布景、服装和化妆风格。

▶01 单击“上传”按钮，在弹出的菜单中选择“导入图片”选项，打开相关素材中的“复古港风.jpg”素材，如图7-86所示。

图7-86

▶02 可以看到图片中的细节没有体现出来，且亮度较低。选择“影调”工具，拖动“曝光”“阴影”“黑色”滑块，目的是让细节体现，提高图片整体亮度，如图7-87所示。

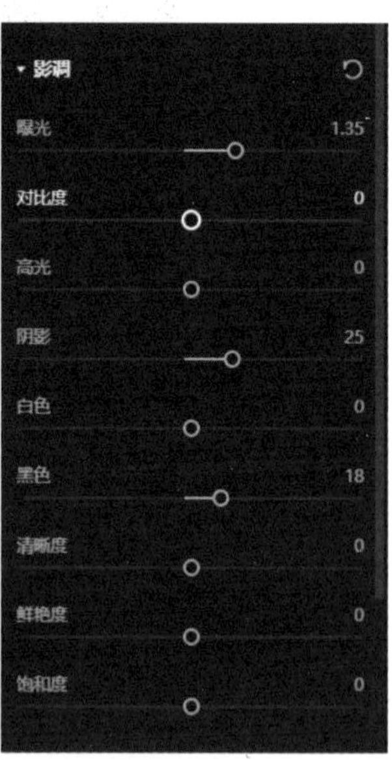

图7-87

▶03 适当向左拖动“高光”滑块，使得人物主体不会过曝，画面更为协调，如图7-88所示。

▶04 调节完影调后，打开“色彩调节”|“曲线”工具栏，利用曲线工具使画面对比度提高、通透感增强。将图片曲线调整成S形，需要注意的是，红、绿、蓝三条曲线幅度并不一样，红色曲线阴影要比其他两条低，这是为了使画面整体偏绿色调，如图7-89所示。调节曲线后的生成效果如图7-90所示。

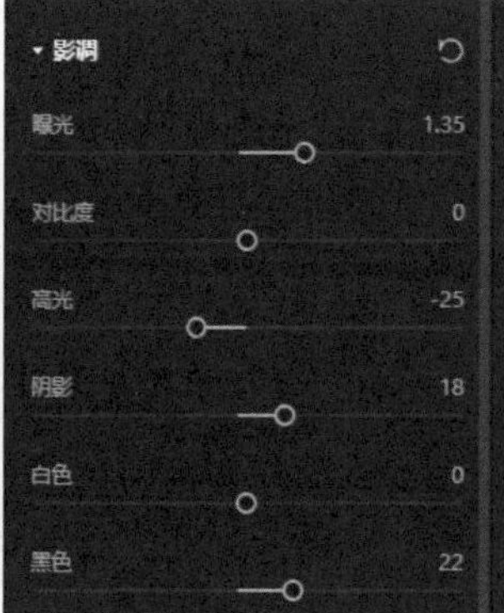

图7-88

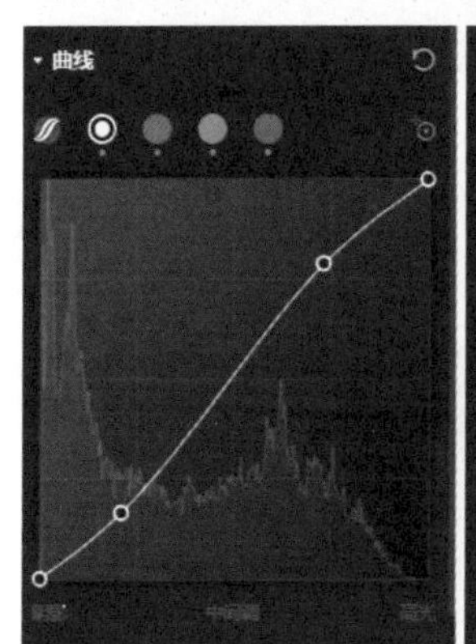

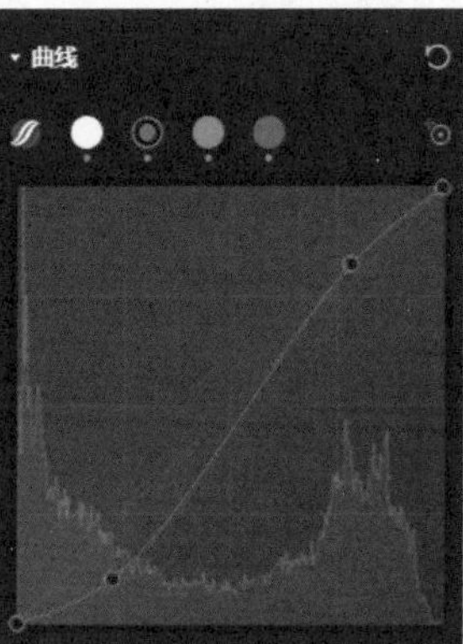

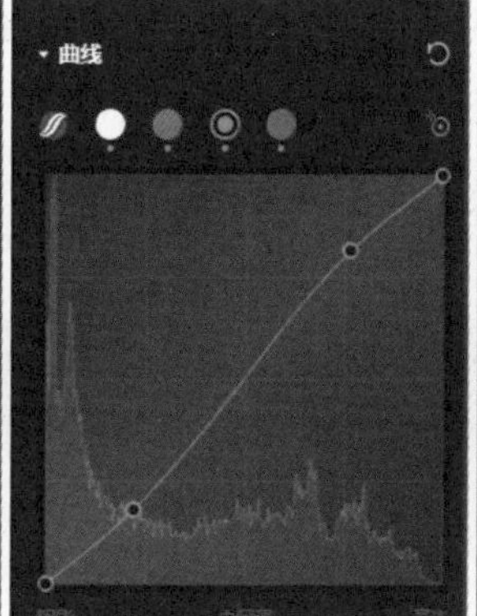

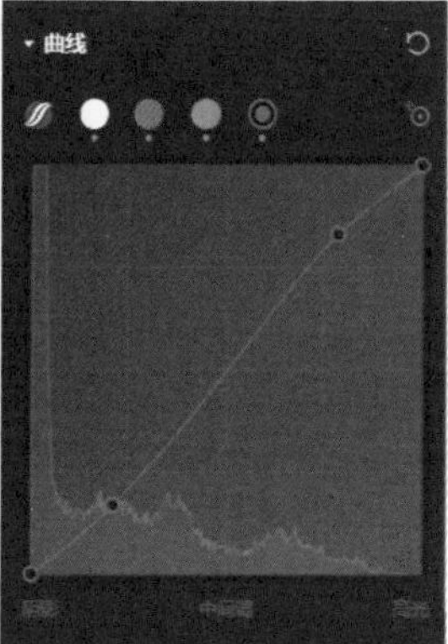

图7-89

图7-90

▶05 调节完曲线后，打开“色彩调节”|“白平衡”工具栏，拖动“色温”滑块往黄色适当滑动，拖动“色调”滑块往绿色适当滑动，目的是使画面整体偏黄绿色，如图7-91所示。

图7-91

▶06 调节完白平衡后，打开“色彩调节”|HSL工具栏，目的是让暖色偏向橙红色。如果画面的黄色太多，可以将黄色稍微往绿色方向调整，如图7-92所示。

图7-92

▶07 单击“饱和度”按钮，向左拖动“红色”“橙色”“黄色”滑块，目的是降低画面主体颜色的饱和度，如图7-93所示。

图7-93

▶08 调整完HSL工具后，打开“色彩调节”|“颜色分级”工具栏，使阴影偏向绿色，如图7-94所示。

图7-94

▶09 最后打开“色彩调节”|“颗粒”工具栏，向左拖动“颗粒效果”滑块，使画面整体有颗粒感，更有复古的感觉，如图7-95所示。

图7-95

第8章 Midjourney和Stable Diffusion修图

相信很多人都不知道的一点是，Midjourney和Stable Diffusion除了可以用来进行AI绘图和AI摄影外，还能用来修图，这得益于这两款软件的强大性能和功能。本章主要介绍如何利用这两款软件进行修图，同时结合实际案例，使读者更好地理解和应用。

8.1 Midjourney修图

利用Midjourney修图，主要是依靠Midjourney中的Vary（Region），它可以让用户在图像生成后，框选图像局部再次进行生成，也就是我们可以直接在Midjourney中修改、新增或者抹除图像的部分内容，更轻松地获取符合自己要求的图像。

8.1.1 实战应用：局部重绘

局部重绘是指在图像处理中，只重新绘制部分区域，而保持其他部分不变的技术。在摄影领域，局部重绘可以应用于修图或绘画创作等方面。通过局部重绘，可以对图像中的特定区域进行修改或增强，而保持整体风格和主体不变。这种技术可以帮助摄影师或艺术家更精确地控制图像的细节和效果，以达到更好的视觉效果和表现力。

在Midjourney修图中，Vary（Region）功能允许用户编辑图像的部分内容。例如，用户可以选择要修改的图像的一部分并使用提示词对其进行转换。下面介绍如何使用Vary（Region）功能进行局部重绘的方法。

01 打开Midjourney软件，在界面下方的输入框中输入“/”，在弹出的列表中选择“/imagine”指令，如图8-1所示。

02 在Midjourney界面下方的输入框中输入英文提示词，如图8-2所示。

Prompt：A beautiful Chinese female model wearing a comfortable sweatshirt with her hair tied up, standing in front of a white background, full body photo. Canon EOS R5 camera.low angle - ar 9:16

提示词：一位美丽的中国女模特穿着舒适的运动衫，扎着头发，站在一张白色背景的全身照片前。佳能EOS R5相机。低角度- ar 9:16

03 按Enter键确认，生成一组模特图，如图8-3所示，单击图片下方的“U2”按钮，将图片进行无损放大，如图8-4所示。

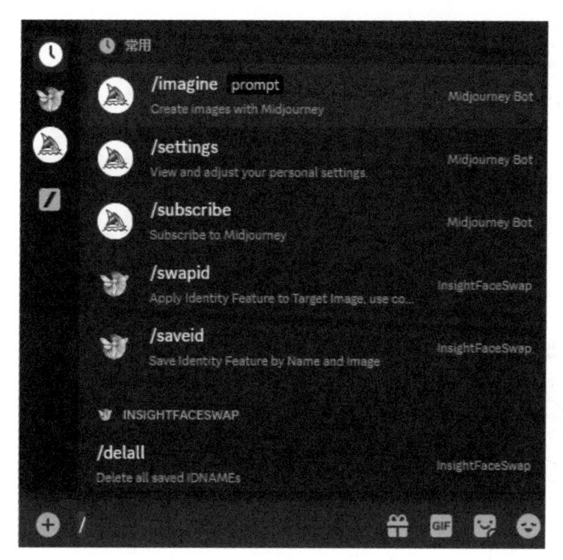

图8-1

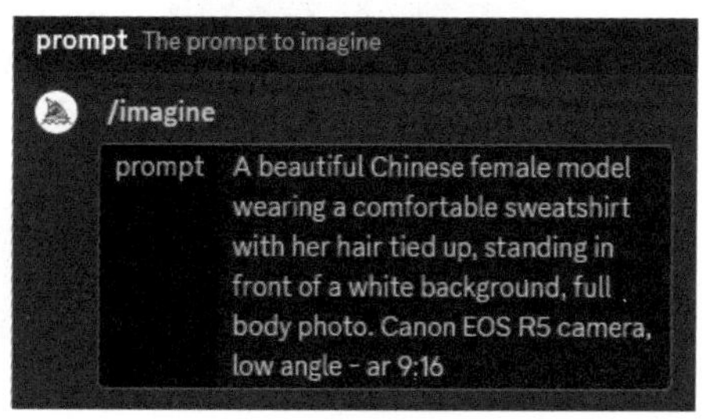

图8-2

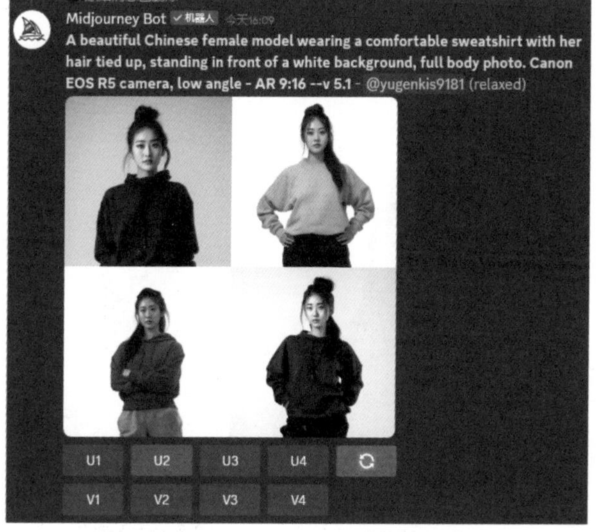

图8-3

图8-4

▶04 生成案例图片后，单击图片下方的Vary（Region）按钮，如图8-5所示。

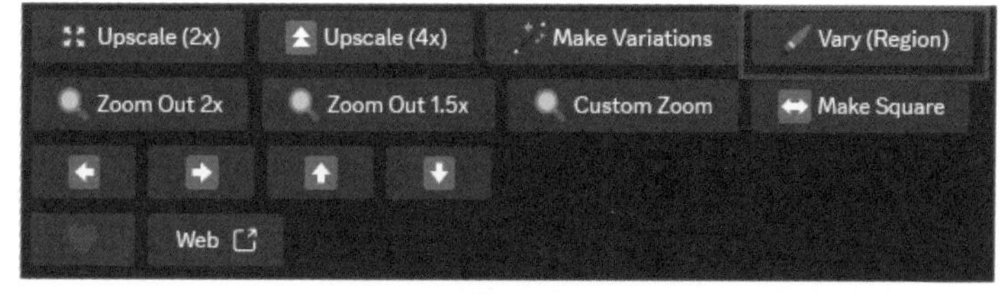

图8-5

▶05 单击按钮后，会弹出一个编辑框，在里面可以用“矩形选框工具”或“套索工具”选择需要修改的部分，在下方的输入框内输入想要重绘的关键词，按Enter键确认，Midjourney就会重新生成这一部分内容，如图8-6所示。

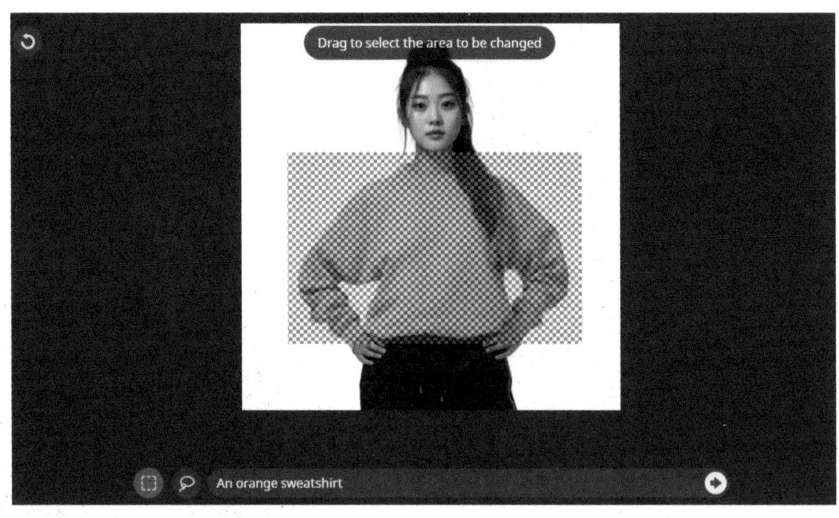

图8-6

提示 选框支持合并多次选择的区域。单击左上角的环形箭头图标可以撤销上一步操作，再重新选择。

▶06 稍等片刻，就能得到图片换装后的图片样式，效果如图8-7所示。

图8-7

注：文本框内写的提示词一定要侧重于所选区域中的内容，而不是对整个画面的描述，文本也要保持简短、直接。

8.1.2 实战应用：局部祛除

在修图中，局部祛除指的是对图片中的特定区域进行修改或清除的操作，以达到特定的视觉效果。

▶01 启动Discord，进入个人创建服务器页面。

▶02 单击聊天对话框，选择“/imagine”文生图指令。

▶03 在输入框内输入英文关键词：A pond with fish, cartoon style, cute, high detail, 8K（一个有鱼的池塘，卡通风格，可爱，高细节，8K），如图8-8所示，得到的AI素材图片如图8-9所示。

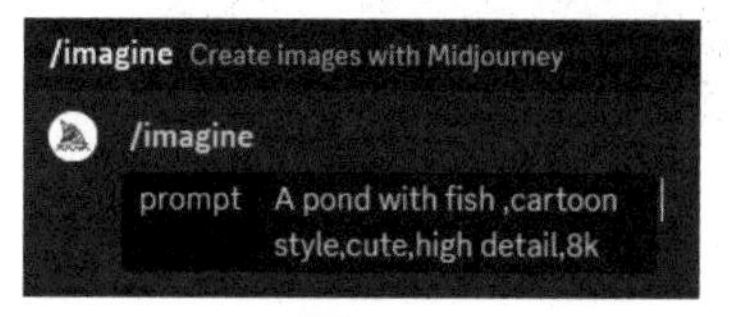

图8-8

图8-9

▶04 单击Vary（Region）按钮，如图8-10所示，进入编辑框，选择“矩形选框工具”或“套索工具”选择需要修改的部分，并写上相关提示词，如图8-11所示。

▶05 按Enter键，就能得到一张局部祛除的图片，效果如图8-12所示。

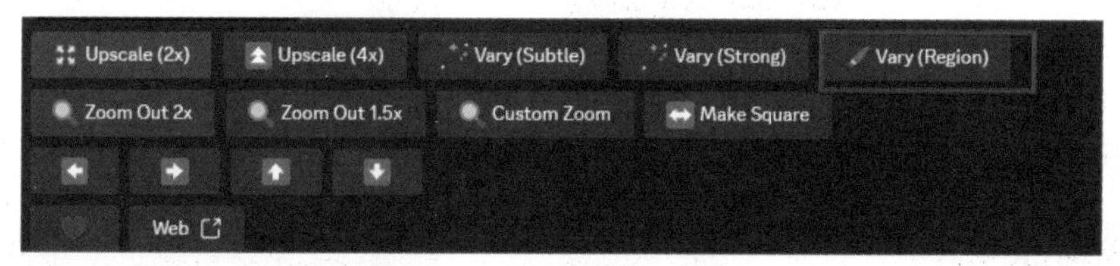

图8-10

图8-11

图8-12

8.1.3　实战应用：AI照片扩展

通过Midjourney的图片扩展功能，用户可以轻松地调整生成图片的尺寸。在图像扩展方面，用户可以选择向上、下、左或右四个不同方向来扩展图片，也可以选择以中心点为基准进行放大。这些选项可以帮助用户更好地调整和优化图片的尺寸和比例，以满足不同的需求和用途，提升图片的应用效果。

▶01 启动Discord，进入个人创建服务器页面。

▶02 单击聊天对话框，选择“/imagine”文生图指令。

▶03 在输入框内输入英文提示词：An orange cat, rooftop, facing camera, surreal, 8k, low angle（一只橘猫，屋顶，对着相机，超现实，8K，低角度），如图8-13所示。

图8-13

▶04 按Enter键确认，即可生成四张相应的图片，如图8-14所示。

▶05 单击图片下方的“U”键按钮，即可无损放大图片，如图8-15所示，且图片下方会出现许多按钮，这里需要用到的是第三排和第四排按钮。

图8-14

图8-15

第三排按钮含义：

Zoom out 2x：在原来的图片边缘填充2倍的细节内容。

Zoom out 1.5x：在原来的图片边缘填充1.5倍的细节内容。

Custom Zoom：自定义变焦，可以自定义变焦倍数，也可以重新调整图片的比例。

第四排按钮含义：

⬅：向左平移拓展图像。

➡：向右平移拓展图像。

⬆：向上平移拓展图像。

⬇：向下平移拓展图像。

▶06 单击图片下方“Zoom Out 2x”按钮，展现的效果如图8-16所示。单击“Zoom Out 1.5x”按钮，展现的效果如图8-17所示。

图8-16

图8-17

▶07 单击“Custom Zoom”按钮，会弹出一个对话框，如图8-18所示，用户只需在“--ar”后填入想要的尺寸，如图8-19所示，单击“提交”按钮，即可生成自定义扩展，如图8-20所示。

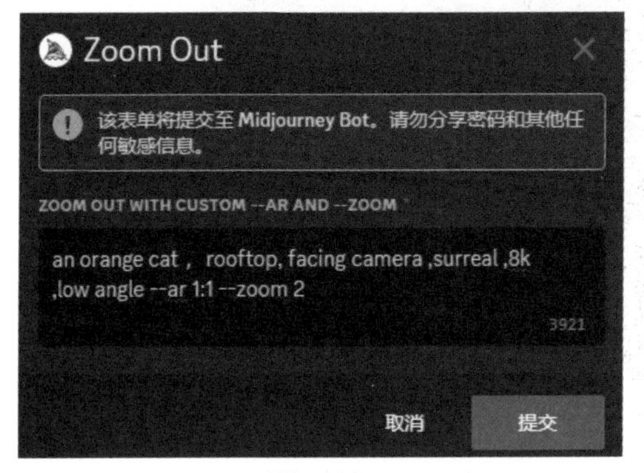

图8-18

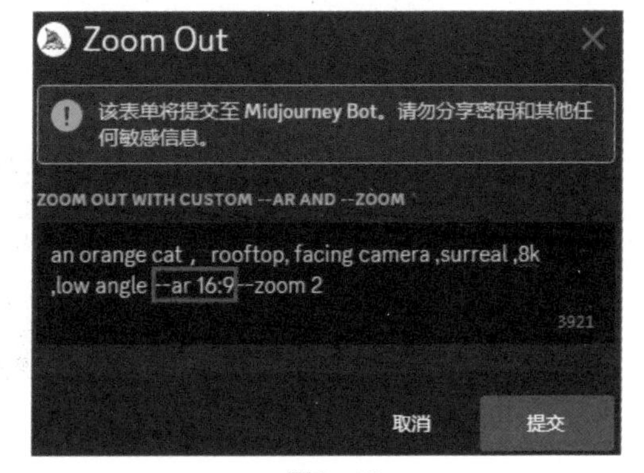

图8-19

图8-20

▶08 单击⬅、➡、⬆、⬇按钮，扩展的图片如图8-21所示。

图8-21

8.2 Stable Diffusion修图

Stable Diffusion修图的原理是基于深度学习技术，特别是GAN和VAE等模型，通过学习图像的分布和特征，实现高质量的图像生成和修图操作。

8.2.1 实战应用：局部重绘修复

局部重绘在Stable Diffusion中主要用于调整画面中部分画面内容和细节。具体来说，它可以帮助用户在保留颜色信息的同时，对图像的局部区域进行重新绘制，以达到调整细节、增强艺术效果或修复错误的目的。这种功能在绘画、设计、编辑等领域中都非常有用，因为它允许用户更灵活地控制和定制图像的外观，以满足特定的需求或审美要求。下面介绍如何使用Stable Diffusion实现局部重绘修复的方法。

▶01 打开Stable Diffusion软件，在主界面中选择并单击“文生图”按钮，输入正、反面提示词，并调整其参数，如图8-22所示。

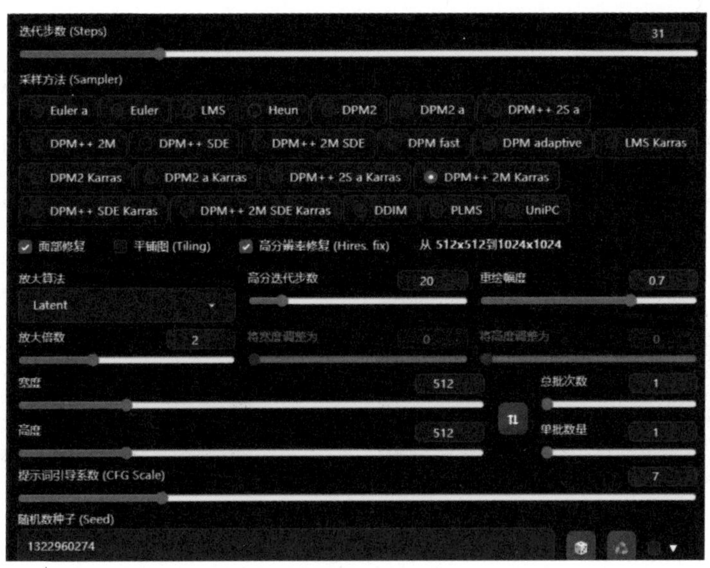

图8-22

正面提示词：A Cute Young Woman, Street, Ponytail, (HDR: 1.3), (Pastel Color: 1.2), Dramatic, Complex Background, Movie, Movie, (Rutkowski, ArtStation: 0.8), POV, (Full Body), Jeans, High Heeled Boots

一个可爱的年轻女子，街道，马尾辫，（HDR：1.3），（柔和的颜色：1.2），戏剧性，复杂的背景，电影，（Rutkowski，ArtStation：0.8），POV，（全身），牛仔裤，高跟靴

反面提示词：(deformed, distorted, disfigured:1.3), poorly drawn, bad anatomy, wrong anatomy, extra limb, missing limb, floating limbs, (mutated hands and fingers:1.4), disconnected limbs, mutation, mutated, ugly, disgusting, blurry, amputation

（畸形、扭曲、毁容：1.3）、画得不好、解剖结构不好、解剖错误、肢体多余、肢体缺失、肢体漂浮、（手和手指变异：1.4）、肢体脱节、突变、变异、丑陋、恶心、模糊、截肢

▶02 单击“生成”按钮，生成所需的AI素材图片，如图8-23所示。

图8-23

▶03 单击“发送到重绘”按钮，如图8-24所示，利用画笔将图中需要重绘的地方进行涂抹，如图8-25所示。

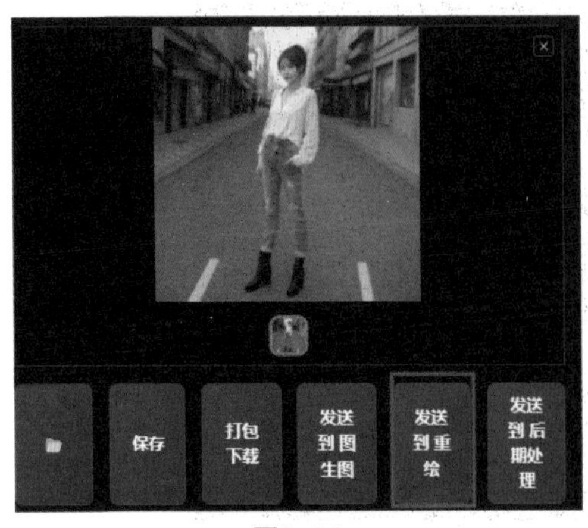

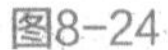

图8-24

图8-25

▶04 在上方提示词框中输入相应提示词，调整其下方参数，如图8-26所示。

提示词：curly hair, hair strand, silver hair, capelet, duffel coat, detached collar, a young woman, street, laughing, ponytails, (muted colors:1.2), dramatic, complex background, cinematic, filmic, (rutkowski, artstation:0.8), (full body), jeans, high heel boots

卷发，发丝，银发，斗篷，粗呢大衣，分离衣领，一个年轻女子，街道，笑，马尾辫，（柔和的颜色：1.2），戏剧性，复杂的背景，电影，电影，（Rutkowski，ArtStation：0.8），（全身），牛仔裤，高跟靴

图8-26

▶05 单击“生成”按钮，生成的重绘效果图如图8-27所示。

图8-27

8.2.2 实战应用：高清修复

高清修复是一种AI修复技术，主要用于提高图像的分辨率和清晰度，通常使用在修复老照片、历史影像资料或者提高低分辨率图像的画质等方面。通过高清修复，可以将低分辨率的图像进行放大和增强，使其达到高分辨率的水平，从而呈现出更加清晰、逼真的细节和图像效果。下面介绍使用Stable Diffusion实现高清修复的方法。

▶01 打开Stable Diffusion软件，在主界面中选择并单击“后期处理”按钮，并单击“拖放图片至此处或点击上传”按钮，上传一张需要高清修复的图片，如图8-28所示。

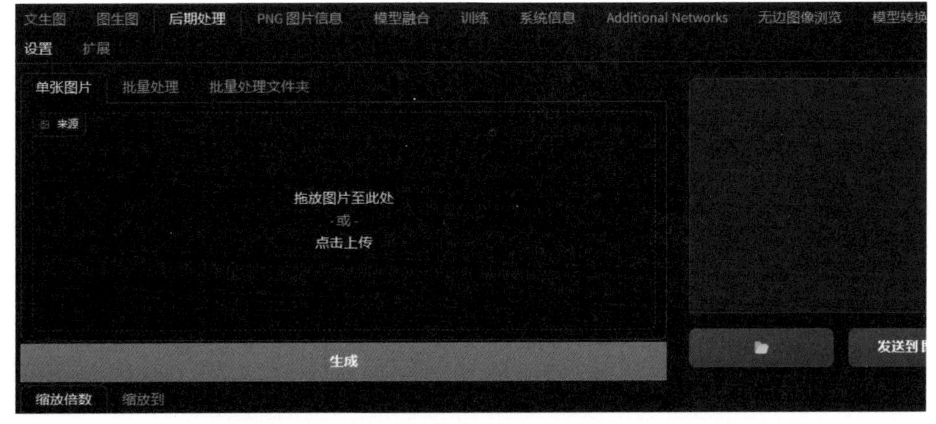

图8-28

▶02 调整参数，参数设置如图8-29所示。

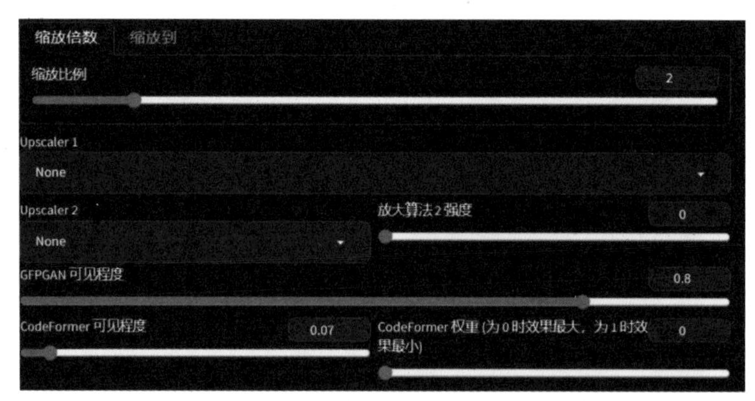

图8-29

▶03 单击“生成”按钮，稍等片刻就能得到高清修复后的图片，效果如图8-30所示。

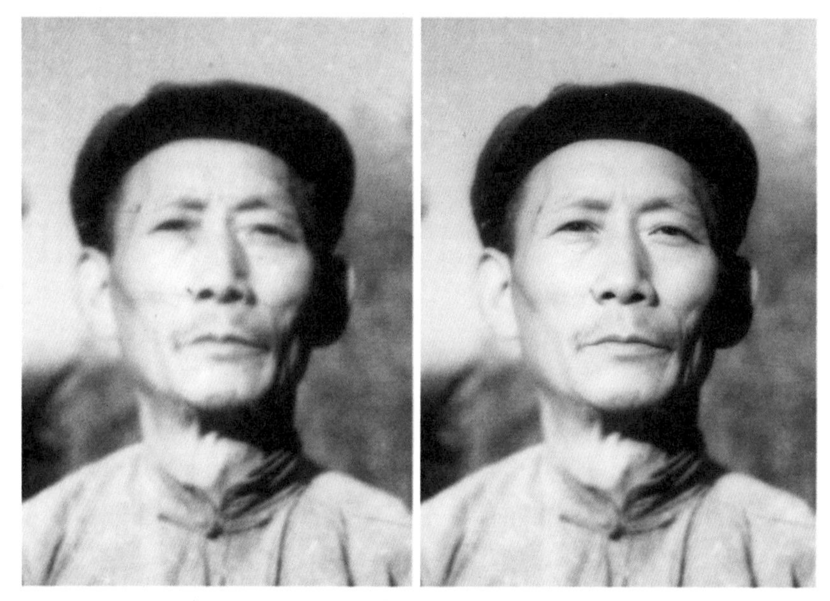

图8-30

值得一提的是，在参数设置中，修脸方法支持两个模型：GFPGAN和CodeFormer。

GFPGAN：修复的细节比较清晰，人物形象的还原度比较高，气质保持较好。

CodeFormer：另一个修脸模型，修图的细节也比较清晰，皮肤纹理更真实，不过这个模型对牙齿的处理效果不好。这个模型还有一个面部重建权重的参数，取值范围为0～1，0时模型会补充很多细节，面部改变较大；1时面部基本没有改变，不会补充很多细节，但是也有修脸的效果。

8.2.3 实战应用：AI换脸

AI换脸是一种使用人工智能技术将人脸替换成另一张人脸的技术。具体来说，它通过深度学习和计算机视觉技术，将一张图像或视频中的人脸替换成另一张人脸，同时保持其他特征和背景不变，从而创作出一种新的图像或视频。下面介绍使用Stable Diffusion实现AI换脸的方法。

▶01 打开Stable Diffusion软件，在主界面中选择并单击“图片信息”按钮，上传一张需要进行换脸的图片，如图8-31所示。

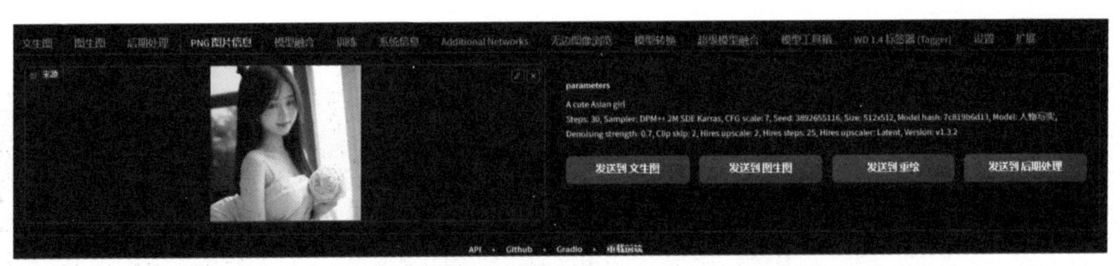

图8-31

▶02 单击“发送到图生图”按钮，单击图片右上方的“关闭”按钮☒，如图8-32所示。

图8-32

▶03 单击“拖动图片至此处或点击上传”按钮，上传需要换脸的对象，如图8-33所示。

图8-33

04 调整参数，参数设置如图8-34所示。

图8-34

需要注意的是，参数中的重绘幅度数值越小，所生成的图片越接近原图（也就是图8-31所上传的图片）。反之重绘幅度数值越大，所生成的图片与原图越不相似。

05 单击“生成”按钮，稍等片刻就能获得换脸过后的图片，效果如图8-35所示。

图8-35

8.2.4　实战应用：AI模特换装

AI模特换装是指使用人工智能技术来改变虚拟模特的服装和外观。这种技术可以根据需要生成各种不同风格和场景的服装，从而使虚拟模特能够适应各种不同的环境和活动。例如，一些AI工具可以根据文本提示生成图像，这意味着用户可以通过描述创建想要的服装和外观。下面介绍使用Stable Diffusion实现AI模特换装的方法。

▶01 打开Stable Diffusion软件，在主界面中选择并单击“图片信息”按钮，上传一张需要进行换装的素材图片，如图8-36所示。

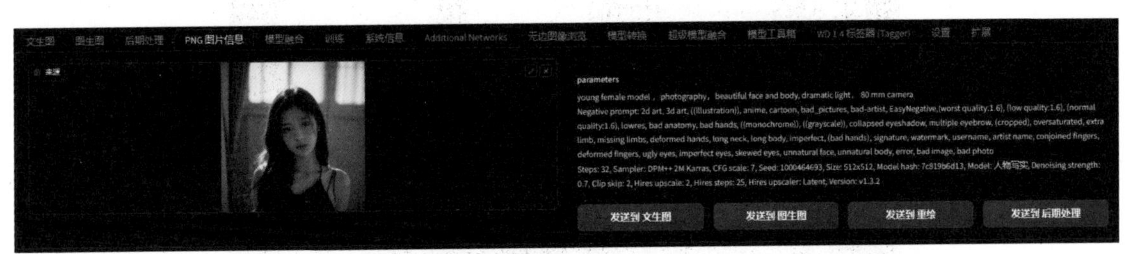

图8-36

在图片右方会出现图片相关提示词信息和相关参数，这利于下一步对提示词进行修改。

▶02 单击“发送到图生图”按钮，对图像进行下一步操作。单击“局部重绘”按钮，复制当前图像到局部重绘，如图8-37所示。

图8-37

▶03 使用画笔工具将需要换装区域进行涂抹，涂抹的黑色部分就是蒙版区域，如图8-38所示。

可以单击“画笔工具”调节画笔的大小，如图8-39所示。

▶04 涂抹完成后，在正面提示词中加上标签，例如，将图中的黑色衣服换成红色连衣裙，则在提示词中加入“red dress”，如图8-40所示。

图8-38

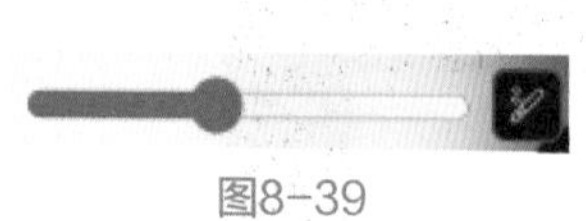

图8-39

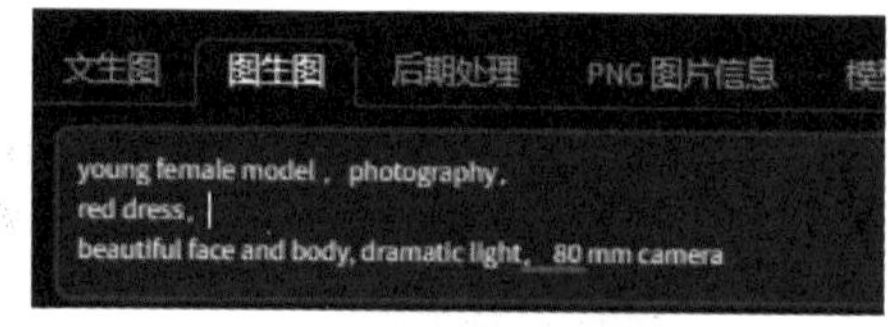

图8-40

05 调整参数，并单击“生成”按钮，参数设置如图8-41所示，AI生成效果如图8-42所示。

仅调整大小
裁剪后缩放
缩放后填充空白
调整大小（潜空间放大）
蒙版边缘模糊度
4
蒙版模式
重绘蒙版内容
重绘非蒙版内容
蒙版区域内容处理
填充
原图
潜空间噪声
空白潜空间
重绘区域
整张图片
仅蒙版区域
仅蒙版区域下边缘预留像素
32
迭代步数 (Steps)
32
采样方法 (Sampler)
Euler a
Euler
LMS
Heun
DPM2
DPM2 a
DPM++ 2S a
DPM++ 2M
DPM++ SDE
DPM++ 2M SDE
DPM fast
DPM adaptive
LMS Karras
DPM2 Karras
DPM2 a Karras
DPM++ 2S a Karras
DPM++ 2M Karras
DPM++ SDE Karras
DPM++ 2M SDE Karras
DDIM
面部修复
平铺图 (Tiling)
重绘尺寸
重绘尺寸倍数
宽度
1024
高度
1024
总批次数
1
单批数量
1
提示词引导系数 (CFG Scale)
7
重绘幅度
0.7

图8-41

图8-42

▶06 可以看到效果图中的样式有所改变，但并不是想要的效果。可以更改提示词的比重、提示词引导系数、重绘幅度等因素进行改善，如图8-43所示。AI生成最终效果如图8-44所示。

图8-43

图8-44

8.2.5 实战应用：手部修复

AI手部修复是指使用人工智能技术来修复或改善图像或视频中的手部区域。这种技术通常用于电影、电视、游戏、广告等领域的特效制作和后期制作中，以提高图像或视频的质量和逼真度。下面介绍使用Stable Diffusion实现手部修复的方法。

01 打开Stable Diffusion软件，在主界面中选择并单击“文生图”按钮，输入正、反面提示词，并调整其参数，如图8-45所示。

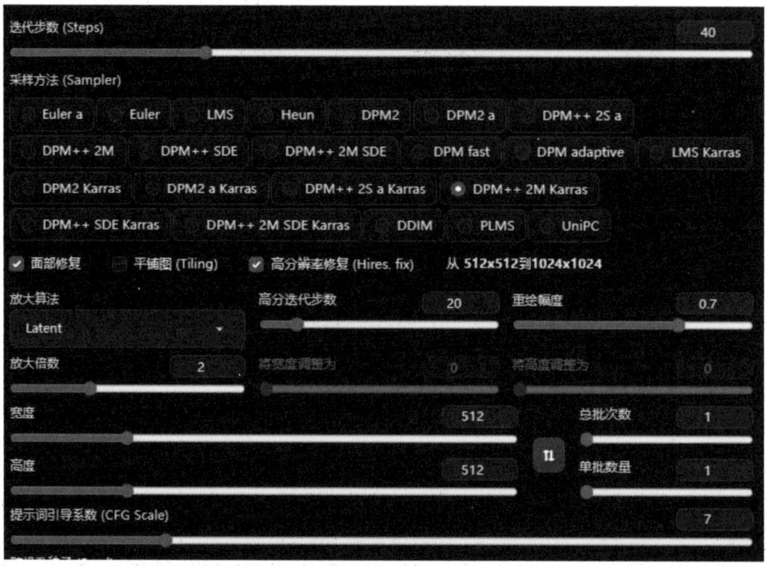

图8-45

正面提示词：solo, 1girl, (mcgeealice:1.5), (black long hair:1,4)， wonderland, (covered blue dress spacious with tapered waist:1.5), (white apron:1.4), white belt at back waist (striped black and white pantyhose:1.4), (pendant horseshoe down:1.5), solo, perfect eyes color, detailed face and eyes, finely detailed beautiful eyes, masterpiece, best quality, insanely intricate details, intricate details, incredible detail, ((vivid color)), 4k

正面提示词：独奏，1女孩，（McGeealice：1.5），（黑色长发：1,4），仙境，（覆盖蓝色连衣裙宽阔，锥形腰部：1.5），（白色围裙：1.4），后腰白色腰带（条纹黑白连裤袜：1.4），（吊坠马蹄形羽绒：1.5），独奏，完美的眼睛颜色，细致的脸和眼睛，细致的美丽眼睛，杰作，最好的质量，疯狂的复杂细节，复杂的细节，令人难以置信的细节，（（鲜艳的色彩）），4K

反面提示词：BadDream, (UnrealisticDream:1.5), deformed iris, deformed pupils, extra fingers, mutated hands, poorly drawn hands, poorly drawn face, mutation, deformed, blurry, dehydrated, bad anatomy, bad proportions, extra limbs, disfigured, gross proportions, malformed limbs, missing arms, missing legs, extra arms, extra legs, fused fingers, too many fingers, long neck, bad anatomy, bad hands, cropped, missing fingers, missing toes, too many toes, too many fingers, missing arms, long neck, missing

负面提示词：不好的梦，（不切实际的梦：1.5），虹膜畸形，瞳孔畸形，多余的手指，变异的手，画得不好的手，画得不好的脸，突变，变形，模糊，脱水，解剖结构不好，比例不好，多余的四肢，毁容，粗大比例，畸形的四肢，缺少手臂，缺少腿，多余的手臂，额外的腿，融合的手指，手指太多，脖子长，解剖结构不好，手不好，裁剪，缺失的手指，缺少脚趾，脚趾太多，手指太多，缺少手臂，脖子长，丢失

02 单击“生成”按钮，生成所需的AI素材图片，如图8-46所示。

图8-46

▶03 单击“发送到重绘”按钮，对图像进行下一步操作，如图8-47所示。

▶04 利用画笔工具将需要进行修复的部分进行涂抹，如图8-48所示。

图8-47

图8-48

▶05 在负面提示词中加入相应的标签，例如，上述图中出现了六根手指的情况，可以在正面提示词中加入“Perfect hand、Five fingers”等提示词，在负面提示词中加入“Extra fingers”提示词，如图8-49所示，并适量提高其比重，促使AI在重绘时不会再出现手部异常的情况。

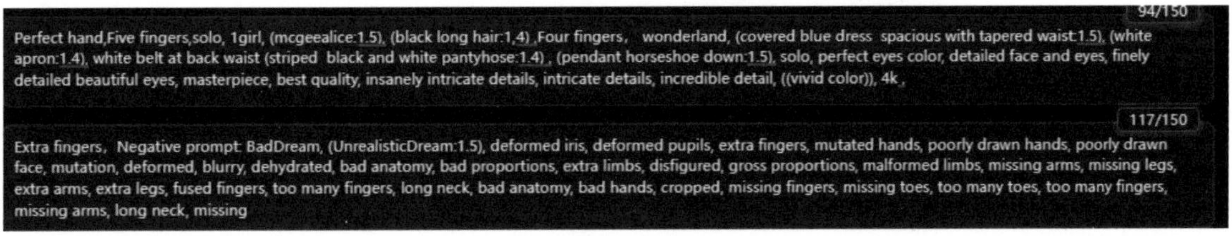

94/150

Perfect hand,Five fingers,solo, 1girl, (mcgeealice:1.5), (black long hair:1,4) ,Four fingers, wonderland, (covered blue dress spacious with tapered waist:1.5), (white apron:1.4), white belt at back waist (striped black and white pantyhose:1.4) , (pendant horseshoe down:1.5), solo, perfect eyes color, detailed face and eyes, finely detailed beautiful eyes, masterpiece, best quality, insanely intricate details, intricate details, incredible detail, ((vivid color)), 4k ,

117/150

Extra fingers, Negative prompt: BadDream, (UnrealisticDream:1.5), deformed iris, deformed pupils, extra fingers, mutated hands, poorly drawn hands, poorly drawn face, mutation, deformed, blurry, dehydrated, bad anatomy, bad proportions, extra limbs, disfigured, gross proportions, malformed limbs, missing arms, missing legs, extra arms, extra legs, fused fingers, too many fingers, long neck, bad anatomy, bad hands, cropped, missing fingers, missing toes, too many toes, too many fingers, missing arms, long neck, missing

图8-49

▶06 调整好参数，当图片修复内容不明显或是不理想时，可以对提示词的引导系数和重绘幅度进行调整，从而达到需求。参数设置如图8-50所示。

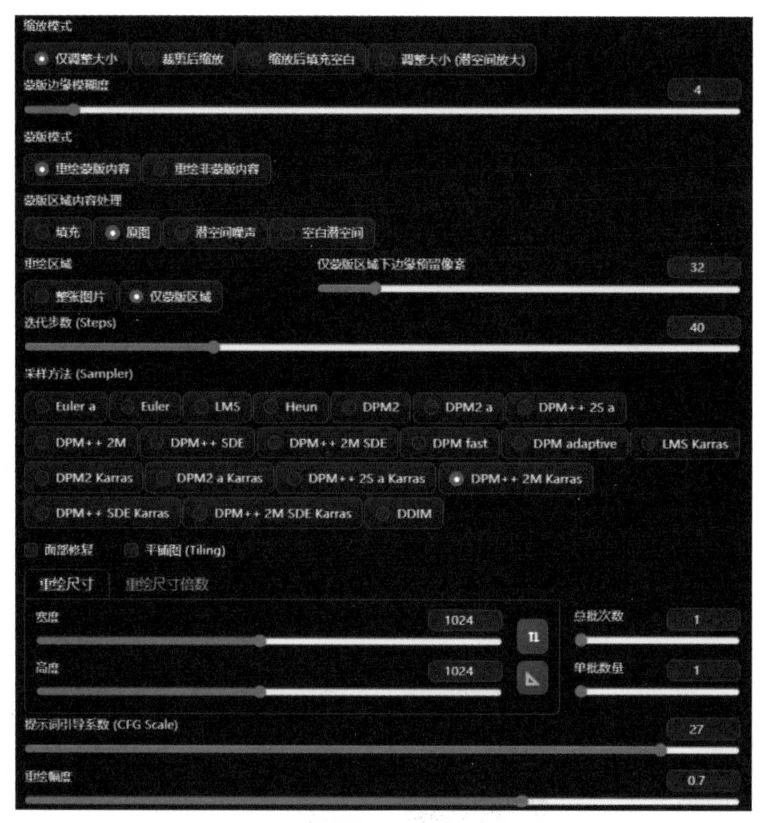

图8-50

▶07 单击界面的“生成”按钮，稍等片刻即可得到效果图，如图8-51所示。

图8-51